受扰系统的抗干扰及容错控制理论与应用

李 涛 贺 伟 著

科学出版社

北 京

内 容 简 介

工程控制系统普遍存在干扰现象，这里的干扰不仅包括控制系统的外环境干扰，也包括控制系统的内环境干扰。本书主要针对控制系统存在的内外干扰研究其抗干扰及容错控制的相关理论与应用，主要从随机分布系统基于观测器的概率密度函数形状被动容错控制、主动容错控制、故障和干扰同时估计，火星探测器进入段的姿态容错控制，含恒功率负载的降压变换器、升压变换器、升降压变换器的自适应无源控制、互联与阻尼配置控制、能量整形控制等方面进行深入、系统性的研究，旨在提出新的设计方法，提升系统的控制性能。

本书可供从事控制理论及其应用研究的科研工作者、工程技术人员参考，也可供高校教师和研究生阅读与参考。

图书在版编目 (CIP) 数据

受扰系统的抗干扰及容错控制理论与应用/李涛, 贺伟著. —北京：科学出版社，2023.3

ISBN 978-7-03-074951-2

I. ①受… Ⅱ. ①李… ②贺… Ⅲ. ①自动控制系统–研究 Ⅳ. ①TP273

中国国家版本馆 CIP 数据核字(2023)第 033460 号

责任编辑：朱英彪 李 娜／责任校对：任苗苗
责任印制：赵 博／封面设计：蓝正设计

科 学 出 版 社 出版

北京东黄城根北街 16 号
邮政编码：100717
http://www.sciencep.com

中煤（北京）印务有限公司印刷
科学出版社发行 各地新华书店经销
*
2023 年 3 月第 一 版 开本：720 × 1000 1/16
2024 年 6 月第三次印刷 印张：12 1/4
字数：247 000

定价：98.00 元

(如有印装质量问题，我社负责调换)

前　言

干扰广泛存在于机电系统、电力电子系统、飞行器系统等，严重影响系统的控制性能，甚至导致系统不稳定。因此，研究抗干扰控制具有重要的理论意义和实用价值，目前已成为控制理论领域的研究热点。

自 20 世纪 50 年代以来，人们先后提出了不同的抗干扰控制方法来解决实际工程系统中干扰对系统性能的影响问题。从抗干扰能动性的角度来说，抗干扰控制通常分为被动抗干扰控制和主动抗干扰控制。其中，被动抗干扰控制是基于系统的输出和给定信号的偏差调节控制量来实现干扰抑制；而主动抗干扰控制是根据干扰的量测值或估计值在控制设计中对其进行直接补偿或抵消。然而，在实际系统中，由于很难准确测量干扰信息或者测量设备过于昂贵，干扰估计技术变得非常重要。

由于实际系统存在的干扰具有多种形式，如谐波干扰、斜坡干扰等，必须针对不同物理系统的干扰特点和表征形式进行具体的分析和处理，本书针对几类系统研究其抗干扰控制方法。第 1 章主要介绍抗干扰控制的研究意义及现状；第 2~5 章分别针对几种随机分布系统，采用估计技术重构不可测状态和故障信息，以抑制故障对系统的影响；第 6 章对存在干扰和执行器故障的火星探测器进入段进行抗干扰控制研究；第 7 章针对含恒功率负载的 DC-DC buck 变换器，研究复合无源控制和浸入与不变观测器的自适应控制方案；第 8 章对含时变干扰的 DC-DC boost 变换器，进行基于广义比例积分观测器的复合控制方案设计；第 9~11 章针对含恒功率负载的 DC-DC boost 变换器、DC-DC buck-boost 变换器，进行自适应能量整形控制研究。

本书的相关研究工作得到了众多科研机构的支持。特别感谢国家自然科学基金面上项目"多源干扰时滞系统复合抗干扰控制及应用"(61973168)、国家自然科学基金青年科学基金项目"含恒功率负载的电力电子系统无源控制研究"(61903196)、江苏省自然科学基金青年项目"带恒功率负载的电力电子变换器复合抗干扰控制研究"(BK20190773)、江苏省第五期"333 工程"科研项目"抗干扰故障重构及在污染监测无人机上的应用研究"(BRA2020067) 等的支持。本书作者李涛、贺伟分别在北京航空航天大学郭雷教授、东南大学李世华教授的指导下进行了许多研究工作，受益匪浅。在本书正式出版之际，谨向他们表示衷心的感谢！此外，在本书的出版过程中，博士生戴朱祥、康自贵做了大量的辅助工作，在此表示感谢！

　　由于作者知识水平有限，书中难免存在不足之处，恳请广大读者批评指正。

作　者

2022 年 9 月

目　　录

第1章 绪 论

1.1 抗干扰控制的研究意义及现状

随着现代科学技术的持续革新以及工业信息化的不断推进，一方面各个行业对高精度和高可靠性控制系统的需求更加迫切，另一方面工业生产过程由简单到复杂、由小规模到大规模、生产环境日趋复杂化等发展趋势对控制分析和综合水平的要求不断提高，这些均对控制研究者和工程师带来了巨大的挑战。在实际工程控制系统中，干扰的存在不可避免，这里的干扰不仅指控制系统的外环境干扰，也指控制系统的内环境干扰 (如广义未建模动态、系统模型参数摄动以及结构摄动)[1-4]。不同类型干扰的存在将严重影响系统的控制精度，例如，在机械控制系统中 (包括工业机械臂系统、运动伺服系统、磁悬浮系统和磁盘驱动系统等)，控制精度往往会受到诸如未知干扰转矩、负载转矩变化、列车轨道位置波动和枢轴转动摩擦等干扰的严重影响[5,6]。其控制性能还会受到运行工况和外部工作环境变化等带来的模型结构摄动以及参数漂移的影响[7,8]。在航空航天领域，无论是航空器还是航天器，都存在风及未建模动态等引起的干扰力和干扰力矩对系统控制性能的影响[9-11]，而且恶劣、复杂的飞行环境使得现代飞行控制系统的控制性能不可避免地受到参数摄动的严重影响，这些影响给现代飞行带来了巨大的挑战[12,13]。

自控制理论产生以来，抗干扰问题一直是控制科学与工程学科的核心问题[14,15]。从信号特征的角度，控制系统中的干扰可表征为不确定范数有界变量、变化率有界变量、谐波变量、阶跃变量、斜坡或关于时间的高阶变量、中立稳定系统输出变量等多种类型的干扰模型[15]。干扰模型特征的多样性和复杂性，以及人们对高品质抗干扰控制的不懈追求使得系统的控制方法[16,17]，如比例-积分-微分 (proportional plus integral plus derivative, PID) 控制器、线性二次调节器等，已无法胜任复杂干扰作用下的高精度需求。因此，自 20 世纪 50 年代以来，人们先后提出了不同的抗干扰方法以解决实际工程系统中干扰对系统性能的影响问题，如自适应控制、H_∞ 控制、滑模控制、内模控制等[14,15]。其中，自适应控制可以解决系统参数摄动的问题，在线辨识模型参数，进而调节控制器参数使系统取得良好的性能，是抑制模型参数不确定性的有效算法[18]。H_∞ 控制通过参数优化使得干扰对系统性能的影响最小，然而其设计往往需保守考虑系统干扰的"最坏情况"，其鲁棒性能的获取通常以牺牲其他特征点的暂态性能为代价[19]。滑模控制能够很好地抑制参数摄动及外部干扰对系统的影响，其控制器的不连续切换易引起系统高频振颤，而采用饱和函数等改进方法虽然能够抑制振颤，但是牺牲了抗干扰性能这一优点[20]。内模控制以抑制外部干扰对系统控制性能的影响为目的，其设计思路清晰、步骤简单。由于内模控制对模型有较强的依赖性，在工业过程中的推广应用受到了限制[21]。从抗干扰的能动性上区分，上述控制方法均以抑制干扰为目的，并不以补偿或抵消干扰为目的，通常称为被动抗干扰或间接抗干扰。被动抗干扰控制方法常常根据反馈量与其设定值之间的偏差来调节控制量以达到抑制干扰的目的。因此，在干扰出现后，基于反馈调节的被动抗干扰方法常常无法及时、快速地处理干扰的影响。

1.2　主动抗干扰控制

1.2.1　主动抗干扰控制方法

　　针对被动抗干扰控制在处理干扰影响方面的局限性，人们提出了以补偿或抵消干扰为目的的主动抗干扰控制方法，概括地说，主动抗干扰控制是根据干扰的量测值或估计值在控制设计中对其直接进行补偿或抵消[22,23]。基于干扰观测器的主动抗干扰控制的基本框架如图 1.1 所示。

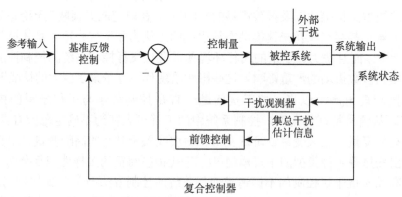

图 1.1　基于干扰观测器的主动抗干扰控制的基本框架

　　与被动抗干扰控制方法相比，主动抗干扰控制方法在处理干扰影响方面有如下优势：

　　(1) 干扰处理的快速性。主动抗干扰控制在控制器中设计了直接抵消系统干扰作用的干扰补偿项，而被动抗干扰控制通过反馈调节来抑制干扰，因此与被动抗干扰控制相比，主动抗干扰控制能够快速抑制干扰对系统的影响[24]。

　　(2) 补丁特性。主动抗干扰控制中的干扰补偿项可以认为是已有反馈控制器的补丁，这样的好处在于控制设计过程不必改变反馈设计部分，如运动控制系统和电力电子系统[25-27]。在基准反馈控制器设计好后，干扰补偿项用于改善系统的鲁棒性和抗干扰能力，这样不必设计全新的控制策略，从而省去了新控制系统的方案论证[22,28]。

(3) 保守性小。主动抗干扰控制不是基于"最坏情况"设计的，系统可对干扰进行动态估计和补偿，具有自适应性很强、保守性小的特点。换句话说，主动抗干扰控制的鲁棒性能提升不以牺牲系统的稳态性能为代价，具有标称性能恢复的特性。

文献 [5] 和 [29] 详细阐述了几种干扰控制抑制方案，并通过仿真结果展示了主动抗干扰控制的优势。为了本书的完整性和逻辑性，这里仅回顾部分分析结果。以一阶系统为例：

$$\dot{x}(t) = u(t) + d(t) \tag{1.1}$$

其中，$x(t)$ 为系统状态量；$u(t)$ 为输入信号；$d(t)$ 为外部干扰。控制目标为镇定系统状态量 $x(t)$。

1. 高增益干扰抑制方案

设计如下比例控制器：

$$u(t) = -k_p x(t) \tag{1.2}$$

其中，$k_p > 0$。将控制器 (1.2) 代入系统 (1.1)，得到闭环系统：

$$\dot{x}(t) + k_p x(t) = d(t) \tag{1.3}$$

由式 (1.3) 可得

$$x(t) = e^{-k_p t}x(0) + \int_0^t e^{-k_p(t-\tau)}d(\tau)\mathrm{d}\tau \tag{1.4}$$

显然，当系统不存在干扰时，系统状态将渐近收敛到零。

当干扰 $d(t)$ 存在且有上界，即 $|d(t)| < d^\star$ 时，由式 (1.4) 可以求得

$$|x(t)| < e^{-k_p t}|x(0)| + \frac{d^\star}{k_p}(1 - e^{-k_p t})$$

由于 $k_p > 0$，从不等式得到系统状态的稳态值 $x(\infty)$ 收敛到一个由 $d^\star$ 决定的收敛域内。尽管比例控制方法可以通过增大控制参数 k_p 来缩小收敛域范围，但是该控制方法无法保证系统状态渐近收敛到平衡点。

2. 积分抗干扰控制方案

设计如下比例积分控制器：

$$x(t) = -k_p x(t) - k_i \int_0^t x(\tau)\mathrm{d}\tau \tag{1.5}$$

其中，$k_p > 0$；$k_i > 0$。将控制器 (1.5) 代入受扰系统 (1.1)，定义系统状态向量 $X(t) = [\ x(t)\quad \dot{x}(t)\ ]^\mathrm{T}$，则由式 (1.5) 可得系统状态向量的动态为

$$X(t) = \mathrm{e}^{At}X(0) + \int_0^t \mathrm{e}^{A(t-\tau)}b\dot{d}(\tau)\mathrm{d}\tau$$

其中，

$$A = \begin{bmatrix} 0 & 1 \\ -k_i & -k_p \end{bmatrix}, \quad b = \begin{bmatrix} 0 \\ 1 \end{bmatrix}$$

由 $k_p > 0$ 和 $k_i > 0$ 可知矩阵 A 的特征值均在左半平面，所以当外界干扰为常值，即 $\dot{d}(t) = 0$ 时，比例积分控制能保证受扰系统状态收敛到零；当外界干扰为时变干扰，即 $|\dot{d}(t)| \leqslant v_d^\star$ 时，可得到

$$\|X(t)\| \leqslant \mathrm{e}^{At}\|X(0)\| + \left\| b\int_0^t \mathrm{e}^{A(t-\tau)}\mathrm{d}\tau \right\| v_d^\star$$

由于 A 是 Hurwitz (赫尔维茨) 矩阵，系统状态向量稳态值由 $v_d^\star$ 决定。因此，当外界干扰为时变干扰时，比例积分控制无法保证系统状态收敛到零。

3. 基于干扰观测器的主动抗干扰控制方案

利用干扰估计信息，设计基于干扰观测器的主动抗干扰控制律为

$$u(t) = -k_p x(t) - \hat{d}(t)$$

其中，$k_p > 0$；$\hat{d}(t)$ 是由干扰观测器得到的干扰估计项。

将上述控制器代入受扰系统，可得到闭环系统为

$$\dot{x}(t) = -k_p x(t) + e_d(t)$$

其中，$e_d(t) = d(t) - \hat{d}(t)$ 是干扰估计误差。

通过设计合适的干扰观测器，干扰估计误差通常可由下式动态保证其渐近收敛：

$$\dot{e}_d(t) = f(e_d(t))$$

基于干扰观测器的主动抗干扰控制方案作用下的受扰系统闭环动态可看作由系统动态和干扰估计误差动态构成的串级系统。由串级系统的稳定判据可知，只需 $k_p > 0$ 且干扰估计 $e_d(t)$ 渐近收敛，就能保证闭环系统是渐近稳定的。与比例积分控制相比，基于干扰观测器的主动抗干扰控制不仅能够抑制常值干扰对系统的影响，还能抑制时变干扰对系统的影响。

1.2.2 干扰估计技术的研究现状

干扰估计方法的具体实现都是基于被控系统的标称模型 (又称为名义模型) 进行设计的，因此干扰估计方法可以依据被控系统标称模型的不同，分为线性干扰估计技术和非线性干扰估计技术两大类。

1. 线性干扰估计技术

基于干扰观测器的主动抗干扰控制，因其设计理念直观易懂而获得了工程技术人员和研究人员的广泛关注，自 1960 年以来研究人员提出了大量的线性干扰观测器方案。线性干扰观测器技术依据其擅长估计的干扰类型和系统的模型表现形式等主要分为以下几类：未知输入干扰观测器[30]、等价输入干扰观测器[31]、扩张状态观测器[32]、不确定性干扰观测器[33]、频域干扰观测器[34,35]、广义比例积分观测器[36]。本节将介绍其中研究最为活跃的频域干扰观测器、扩张状态观测器、未知输入干扰观测器和广义比例积分观测器的设计方法。

1) 频域干扰观测器

日本学者 Sariyildiz 等[35] 首先提出了频域干扰观测器的基本框架，如图 1.2 所示。

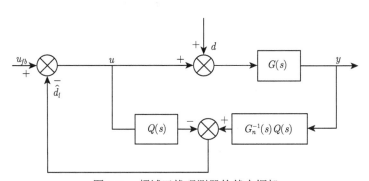

图 1.2　频域干扰观测器的基本框架

假设被控对象为最小相位系统，图中 u_{fb} 为参考输入，集总干扰包含三项：

$$d_l(s) = [G^{-1}(s) - G_n^{-1}(s)]y(s) + d(s) - G_n(s)n(s) \tag{1.6}$$

其中，等号右侧第一项为物理系统 $G(s)$ 和标称模型 $G_n(s)$ 的不匹配，第二项为外部干扰，第三项为测量噪声。在式 (1.6) 两边同时施加低通滤波器算子，集总干扰的估计为

$$\hat{d}_l(s) = G_{u\hat{d}}(s)u(s) + G_{y\hat{d}}(s)\bar{y}(s)$$

若采用干扰估计来补偿集总干扰的影响，则等效系统的输出为

$$y(s) = G_{cy}(s) + G_{dy}d(s) + G_{ny}n(s)$$

当 $Q(\text{j}w) \approx 1$ 时，上式写为

$$y(\text{j}w) \approx G_n(\text{j}w)c(\text{j}w) + n(\text{j}w)$$

从上式可以看出，物理系统 $G(s)$ 等效为标称模型 $G_n(s)$。显然，对于干扰观测器，滤波器 $Q(s)$ 的设计非常重要。为了精确估计干扰，需设计滤波器 $Q(s)$ 在所有频率范围都近似等于 1。然而，这不仅会放大传感器的噪声，而且可能导致干扰观测器无法实现。一般而言，设计 $Q(s)$ 为一个低通滤波器，其相对阶应大于标称模型的相对阶。

2) 扩张状态观测器

扩张状态观测器设计框架可参考文献 [32]，本书仅给出部分结果。考虑如下单输入单输出受扰系统：

$$y^{(n)}(t) = f(y(t), \dot{y}(t), \cdots, y^{(n-1)}(t), d(t), t) + bu(t)$$

其中，$y^{(n)}(t)$ 表示输出 $y(t)$ 的导数；$u(t)$ 和 $d(t)$ 分别表示输入和干扰。

令 $x_1 = y(t), x_2 = \dot{y}(t), \cdots, x_n = y^{(n-1)}(t)$，得到

$$\begin{cases} \dot{x}_i = x_{i+1}, \quad i = 1, 2, \cdots, n-1 \\ \dot{x}_n = f(x_1, x_2, \cdots, x_n, d(t), t) + bu(t) \end{cases} \tag{1.7}$$

选取一个新状态得到以下扩张系统：

$$\begin{cases} x_{n+1} = f(x_1, x_2, \cdots, x_n, d(t), t) \\ \dot{x}_{n+1} = h(t) \end{cases} \tag{1.8}$$

其中，$h(t) = \dot{f}(x_1, x_2, \cdots, x_n, d(t), t)$。设计扩张状态观测器来估计系统的状态和集总干扰，得到

$$\begin{cases} \dot{\hat{x}}_i = \hat{x}_{i+1} + \beta_i(y - \hat{x}_1), \quad i = 1, 2, \cdots, n \\ \dot{\hat{x}}_{n+1} = \beta_{n+1}(y - \hat{x}_1) \end{cases} \tag{1.9}$$

显然，所设计的扩张状态观测器能够估计未建模动态干扰和外部干扰，该方法最大的优势是需要的系统信息更少。

3) 未知输入干扰观测器

未知输入干扰观测器的设计具有多种形式[37-39]。这里以故障诊断应用场合为例，给出未知输入干扰观测器的设计结果。

图 1.2 中 $G(s)$ 的状态空间实现为

$$\begin{cases} \dot{x} = Ax + B_u u + B_d d \\ y = Cx \end{cases} \tag{1.10}$$

假设干扰由如下外源系统描述：

$$\dot{\xi} = W\xi, \ d = V\xi$$

其中，ξ 为外源系统的状态变量，未知输入干扰观测器用来估计不可测状态和干扰。针对上述系统设计状态观测器估计状态，干扰观测器用来估计干扰，其形式如下：

$$\begin{cases} \dot{\hat{x}} = A\hat{x} + B_u u + L_x(y - \hat{y}) + B_d \hat{d} \\ \hat{y} = C\hat{x} \end{cases} \tag{1.11}$$

$$\begin{cases} \dot{\hat{\xi}} = W\hat{\xi} + L_d(y - \hat{y}) \\ \hat{d} = V\hat{\xi} \end{cases} \tag{1.12}$$

其中，$\hat{x}$ 和 L_x 分别是状态向量 x 的估计和观测器增益；$\hat{d}$ 是干扰 d 的估计；$\hat{\xi}$ 是干扰 ξ 的估计。

4) 广义比例积分观测器

广义比例积分观测器的详细设计思路参考文献 [36]。本书以系统 (1.7) 为例，广义比例积分观测器可设计为

$$\begin{cases} \dot{\hat{x}}_i = \hat{x}_{i+1} + \beta_i(y - \hat{x}_1), \quad i = 1, 2, \cdots, n-1 \\ \dot{\hat{x}}_n = bu + \hat{\xi}_1 + \beta_n(y - \hat{x}_1) \\ \dot{\hat{\xi}}_i = \hat{\xi}_{i+1} + \lambda_i(y - \hat{x}_1), \quad i = 1, 2, \cdots, q-1 \\ \dot{\hat{\xi}}_q = \lambda_q(y - \hat{x}_1) \end{cases} \tag{1.13}$$

其中，$\hat{x}_i$ 是状态 x_i 的估计；$\hat{\xi}_i$ 是状态 $f^{(i-1)}(x, d)$ 的估计。

类似于扩张状态观测器，选取合适的观测器增益 β_i、λ_i 可以保证广义比例积分观测器的收敛性。应该指出，广义比例积分观测器是扩张状态观测器的推广形式。广义比例积分观测器在处理高阶时变干扰时，具有更好的性能。

2. 非线性干扰估计技术

本节主要介绍一种经典的非线性干扰估计技术[40]。首先，考虑如下一类仿射非线性系统：

$$\begin{cases} \dot{x} = f(x) + g_1(x)u + g_2(x)d \\ y = h(x) \end{cases} \tag{1.14}$$

其中，$x \in \mathbb{R}^n$、$u \in \mathbb{R}^m$、$d \in \mathbb{R}^q$、$y \in \mathbb{R}^s$ 分别是系统状态、控制输入、干扰和输出；$f(x)$、$g_1(x)$、$g_2(x)$、$h(x)$ 是光滑函数。文献 [40] 设计了一种非线性干扰观测器估计系统慢时变的干扰 d，其形式为

$$\begin{cases} \dot{z} = -l(x)g_2(x)z - l(x)\left(g_2(x)p(x) + f(x) + g_1(x)u\right) \\ \hat{d} = z + p(x) \end{cases} \tag{1.15}$$

其中，$z \in \mathbb{R}^q$ 是非线性干扰观测器的状态；$p(x)$ 是待设计的非线性函数。非线性干扰观测器的增益选为

$$l(x) = \frac{\partial p(x)}{\partial x} \tag{1.16}$$

如文献 [40] 所述，定义 $e_d = d - \hat{d}$ 为估计误差，若选取观测器增益 $l(x)$ 使得误差系统

$$\dot{e}_d = -l(x)g_2(x)e_d \tag{1.17}$$

渐近稳定，则所设计的非线性干扰观测器能渐近重构干扰，此时选取的非线性增益 $l(x)$ 使得式 (1.16)、式 (1.17) 成立。

上述内容简要回顾了现存干扰估计、补偿和抑制的技术，本书后续章节将针对几类系统，采用上述方法进行主动抗干扰控制方案设计。

1.3　本书主要内容

本书的主要内容是围绕随机分布系统、飞行器系统、电力电子系统，研究其主动抗干扰问题，旨在提出新的设计方法，从而提升系统的控制性能。具体研究内容分章简述如下：

第 2 章研究具有加性故障的时滞随机分布系统基于扩张状态观测器和概率密度函数 (probability density function, PDF) 的被动容错控制问题。首先,利用有理平方根 B 样条神经网络,基于 PDF 建立含加性故障的系统模型。其次,通过将故障转换为辅助状态变量得到一个增广系统。在此框架下,设计一个鲁棒扩张状态估计器来同时估计原始状态和加性故障。最后,在得到故障估计的基础上,设计一种时滞相关的容错控制方案。

第 3 章研究一般化随机分布系统基于中间观测器的广义 PID 型故障容错形状控制问题。针对一般化随机分布系统,为了克服执行器故障有界限制和观测器匹配条件限制,引入一个新的中间变量设计中间观测器,利用此观测器可以同时估计未知故障和权动态。基于获得的故障信息,建立广义 PID 型故障容错形状控制算法,实现故障补偿并跟踪期望的 PDF。

第 4 章研究执行器部分失效的随机分布系统输出形状跟踪自适应主动容错控制问题。基于执行器故障的在线估计方法,提出一种有效的主动容错形状控制,其中包括一个常规的控制律和自适应补偿控制律。前者可以在没有故障时跟踪具有优化指标的给定输出分布,而后者可以降低甚至消除故障对给定分布形状的影响。所提出的方法可用于跟踪一个期望的 PDF,还可以用于粒子分布的形状跟踪。

第 5 章研究具有执行器故障和干扰的随机分布系统的干扰估计和故障重构设计问题。运用有理平方根 B 样条神经网络对 PDF 与输入之间的非线性动态进行建模,假设非线性项满足非预定利普希茨 (Lipschitz) 常数的 Lipschitz 条件。此外,还设计一个鲁棒广义观测器来同时估计系统的状态和干扰。通过凸优化得到最大容许 Lipschitz 常数。最后,基于所设计的观测器提出一种滑模方案来重构执行器故障。

第 6 章研究含干扰和执行器故障的火星探测器进入段姿态容错跟踪控制问题。将火星探测器进入段姿态动力学分为慢子系统和快子系统:对于慢子系统,采用动态反推方法生成角速度参考信号;对于快子系统,将执行器部分失效问题转化为求解参数不确定的轨迹跟踪问题。最后,提出一种将模糊李雅普诺夫函数方法与鲁棒 H_∞ 控制方法相结合的容错跟踪控制方案。

第 7 章研究含恒功率负载的 DC-DC buck(直流-直流降压型) 变换器自适应无源控制问题。针对恒功率负载的存在且难以准确测量负载功率参数的问题,将变换器的平均模型描述为一个非线性系统,采用无源性和浸入与不变理论设计自适应无源控制器来调节 DC-DC buck 变换器输出电压。

第 8 章研究在电阻负载作用下 DC-DC boost(直流-直流升压型) 变换器存在电路参数摄动、负载及输入电压变化时的电压调节问题。采用增量式无源性理论,针对该系统设计了状态反馈控制器;同时,为了提升系统的抗干扰性能,设计两个广义比例积分观测器分别估计在电流通道和电压通道中的时变干扰,并且把这两个干扰估计值引入前馈补偿设计中，用来抑制外部干扰对系统的影响。

第 9 章研究含恒功率负载的 DC-DC boost 变换器自适应互联与阻尼配置控制问题。首先，分析在选取不同输出情况下的系统零动态稳定性；其次，基于互联与阻尼配置和浸入与不变理论，提出自适应互联与阻尼配置控制方法；最后，严格证明闭环系统在平衡点是局部渐近稳定的。提出的控制方案不仅使得闭环系统在平衡点具有更大的吸引区，而且能够有效抑制负载功率变化对系统的影响。

第 10 和 11 章着重解决含恒功率负载的 DC-DC buck-boost(直流-直流升降压型) 变换器系统的电压控制问题。变换器的平均模型描述为双线性二阶系统，恒功率负载的存在使得当分别选取两个状态作为输出时，系统的零动态都是不稳定的，由此分别提出自适应无源控制和能量整形控制方法来解决上述问题。与传统比例微分 (proportional plus derivative, PD) 控制器相比，所提出方法具有更大的优越性。

第 2 章 基于扩张状态观测器的时滞随机分布系统被动容错控制

针对具有加性故障的时滞随机分布系统，本章提出一种基于 PDF 和扩张状态观测器的被动容错控制方法。首先，采用有理平方根 B 样条去逼近输出 PDF，使原来的随机系统转换为权向量动态系统。其次，将故障转换为辅助状态变量得到一个增广系统。在此框架下，设计一个鲁棒扩张状态观测器同时估计权状态和加性故障。再次，在得到故障估计的基础上，设计一种时滞相关的鲁棒被动容错控制。最后，通过数值仿真验证该方法的有效性。

2.1 引 言

对许多工业过程来说，保证系统的可靠性是非常关键的[41,42]，然而不可避免的故障将会降低系统的可靠性。因此，容错控制得到了研究人员的广泛关注。目前，文献 [41]、[42] 已经提出了许多容错控制方法。这些容错控制方法大体可分为主动容错控制和被动容错控制。被动容错控制在控制器设计之初就考虑了可能存在的故障情况，提前离线设计控制器，不需要故障检测、诊断和隔离，因此更适合工程应用。值得指出的是，在高斯随机系统中，通常都假设随机变量的统计特性服从高斯分布。然而，由于输入的随机性以及系统的非线性等因素的影响，实际控制系统往往不满足高斯分布，其均值和方差信息不足以表征系统特性，如浮选工艺中泡沫尺寸的分布、岩土工程中土壤颗粒的分布等[17]。在这些工业过程中，系统随机变量的概率分布与系统动态过程紧密相关，但是传统的基于高斯分布的随机控制方法已经无法解决这些问题[43]。因此，一种新的基于 PDF 表征系统特性的方法被提出，基于这种表征方法的系统称为随机分布系统[44,45]。对于随机分布系统，文献 [46] ～ [48] 研究了相关容错控制方案。例如，在文献 [46] 中，针对随机分布系统，基于迭代学习观测器提出了一种容错控制算法；在文献 [47] 中，基于比例积分设计了一种故障重构方案；在文献 [48] 中，针对含 PDF 近似误差的不确定随机分布系统，提出了故障诊断和滑模容错控制。然而，文献 [47] 和 [48] 都没有考虑状态和故障同时估计问题[47,48]。

另外，时滞广泛存在于各种工程和通信系统中，导致系统分析变得非常困难，系统性能也受到影响[49]。因此，在容错控制设计过程中，需要考虑时滞问题[49-51]，例如，在文献 [50] 中，解决了随机分布时滞系统的自适应故障估计问题，设计了一种容错形状控制方法；在文献 [51] 中，设计了一类含多重时滞状态干扰的 Lipschitz 非线性系统自适应容错控制方案，但是仍存在一些保守性问题。

受上述文献的启发，本章主要针对具有时滞和加性故障的随机分布系统，提出一种新型被动容错控制方法。其主要贡献总结如下：① 构造一个新的辅助输出，将输出 PDF 转换为一个只与时间有关的可计算变量，借助这个新变量简化模型形式，使得相应的问题变得易处理；② 与现有结果[48,52] 不同，本章考虑时滞对基于 PDF 容错控制效果的影响，建立时滞相关的控制方案。

2.2 问 题 描 述

若系统输出 PDF 表示为 $\psi(y, u(t))$，其中 $y \in [a, b]$，则时滞随机分布系统可描述如下：

$$
\begin{cases}
\dot{x}(t) = Ax(t) + A_h x(t - h(t)) + Gg(x(t)) + Hu(t) + F_1 f(t) \\
\bar{V}(t) = Ex(t) + F_2 f(t) \\
\sqrt{\psi(y, u(t))} = C(y)\bar{V}(t) + T(y)
\end{cases}
\tag{2.1}
$$

其中，$x(t) \in \mathbb{R}^n$ 是系统状态，$x(t) = \phi(t)(-h \leqslant t \leqslant 0)$ 是其初始状态；$u(t) \in \mathbb{R}^m$ 是控制量；$f(t) \in \mathbb{R}^q$ 是加性故障；$h(t)$ 是时滞，$0 \leqslant h(t) \leqslant h$，$h$ 是 $h(t)$ 的上界，且满足 $0 \leqslant \dot{h}(t) \leqslant \nu \leqslant 1$，$\nu$ 是 $h(t)$ 导数的上界；$A \in \mathbb{R}^{n \times n}$、$A_h \in \mathbb{R}^{n \times n}$、$G \in \mathbb{R}^{n \times k}$、$H \in \mathbb{R}^{n \times m}$、$F_1 \in \mathbb{R}^{n \times q}$、$E \in \mathbb{R}^{(r-1) \times n}$、$F_2 \in \mathbb{R}^{(r-1) \times q}$ 是系统矩阵；$\bar{V}(t) \in \mathbb{R}^{n-1}$ 是权动态变量；$\psi(y, u(t))$ 是可测量的、连续的且有界的[52]。需要指出的是，在工程应用中，通过合适的测量仪器可以在线输出分布测量[44]。为了避免复杂的计算，使用下面的有理平方根 B 样条模型近似概率密度函数 $\psi(y, u(t))$，其满足

$$
\sqrt{\psi(y, u(t))} = \frac{\sum_{i=1}^{r} \Omega_i(u(t))\phi_i(y)}{\sqrt{\sum_{i=1, j=1}^{r} \Omega_i(u(t))\Omega_j(u(t)) \int_a^b \phi_i(y)\phi_j(y)\mathrm{d}y}}
\tag{2.2}
$$

其中，$\phi_i(y)(i = 1, 2, \cdots, r)$ 是独立基函数；$\Omega_i(u(t))(i = 1, 2, \cdots, r)$ 是权系数。

令

$$
V(t) = [\Omega_1^{\mathrm{T}}(u(t)), \Omega_2^{\mathrm{T}}(u(t)), \cdots, \Omega_r^{\mathrm{T}}(u(t))]^{\mathrm{T}}
$$

$$\bar{V}(t) = [\Omega_1^{\mathrm{T}}(u(t)), \Omega_2^{\mathrm{T}}(u(t)), \cdots, \Omega_{r-1}^{\mathrm{T}}(u(t))]^{\mathrm{T}}$$

$$\phi(y) = [\phi_1^{\mathrm{T}}(y), \phi_2^{\mathrm{T}}(y), \cdots, \phi_r^{\mathrm{T}}(y)]^{\mathrm{T}}$$

$$L = \int_a^b \phi^{\mathrm{T}}(y)\phi(y)\mathrm{d}y$$

$$T(y) = \frac{\phi_r(y)}{\sqrt{V^{\mathrm{T}}(t)LV(t)}b_r}$$

$$C(y) = \frac{1}{\sqrt{V^{\mathrm{T}}(t)LV(t)}} \left[\phi_1(y) - \frac{\phi_r(y)b_1}{b_r}, \cdots, \phi_{r-1}(y) - \frac{\phi_r(y)b_{r-1}}{b_r} \right]$$

其中, $b_i = \int_a^b \phi_i(y)\mathrm{d}y(i=1,2,\cdots,r)$; $\Omega_1(u(t))b_1 + \Omega_2(u(t))b_2 + \cdots + \Omega_r(u(t))b_r = 1$。可见, 实际动态只与 $r-1$ 个权系数有关。对于任意的 $x_1(t)$、$x_2(t)$, 非线性函数 $g(x(t))$ 满足

$$\begin{cases} g(0) = 0 \\ \|g(x_1(t)) - g(x_2(t))\|_2 \leqslant \|U(x_1(t) - x_2(t))\|_2 \end{cases} \tag{2.3}$$

其中, U 是一个给定常值矩阵。

注解 2.1　从式 (2.1) 和式 (2.2) 可以看出, $\sqrt{\psi(y, u(t))}$ 与 $C(y)$、$\bar{V}(t)$ 和 $T(y)$ 相关。显然, 此函数也与系统的输出 y 和输入 $u(t)$ 有关, 通过有理平方根 B 样条神经网络可以建模得到[53,54], 这里不再赘述。

使用一个辅助输出 $\xi(t)$ 将 PDF 转换为一个只与时间 t 有关的可计算变量, 且辅助输出变量 $\xi(t)$ 定义为

$$\xi(t) = \int_a^b \sigma(y) \left(\sqrt{\psi(y, u(t))} - T(y) \right) \mathrm{d}y$$

$$= \Gamma_1 x(t) + \Gamma_2 f(t) \tag{2.4}$$

其中, $\sigma(y) \in [a, b]$ 是一个预先确定的权重参数。定义函数 $\Gamma_1 = \int_a^b \sigma(y)C(y)E\mathrm{d}y$, $\Gamma_2 = \int_a^b \sigma(y)C(y)F_2\mathrm{d}y$, $\Gamma_1 \in \mathbb{R}^{(r-1)\times n}$, $\Gamma_2 \in \mathbb{R}^{(r-1)\times q}$。

以下引理将用于后续时滞相关容错控制方案的设计。

引理 2.1[55]　对于任意 $x \in [\alpha_1, \alpha_2]$ 和矩阵 $R > 0$, 有以下不等式成立:

$$-\int_{\alpha_1}^{\alpha_2} \dot{x}^{\mathrm{T}}(s)R\dot{x}(s)\mathrm{d}s \leqslant \frac{1}{\alpha_2 - \alpha_1} \varpi^{\mathrm{T}}\gamma\varpi \tag{2.5}$$

其中，

$$\gamma = \begin{bmatrix} -4R & -2R & 6R \\ * & -4R & 6R \\ * & * & -12R \end{bmatrix}$$

本书矩阵中符号"$*$"均表示上三角对应元素的转置项。

$$\varpi = [x^{\mathrm{T}}(\alpha_2),\ x^{\mathrm{T}}(\alpha_1),\ \breve{x}^{\mathrm{T}}]^{\mathrm{T}}, \quad \breve{x} = \frac{1}{\alpha_2 - \alpha_1}\int_{\alpha_1}^{\alpha_2} x(s)\mathrm{d}s$$

注解 2.2 引理 2.1 是文献 [56] 中引理 2 的一种简单形式, 称为改进的 Jensen 不等式, 其可以提供一个比 Jensen 不等式更紧的积分界, 从而可用于降低时滞相关判据的保守性。

2.3 主要结果

2.3.1 状态和故障同时估计

结合式 (2.1) 和式 (2.4) 得到如下系统:

$$\begin{cases} \dot{x}(t) = Ax(t) + A_h x(t - h(t)) + Gg(x(t)) + Hu(t) + F_1 f(t) \\ \xi(t) = \Gamma_1 x(t) + \Gamma_2 f(t) \end{cases} \tag{2.6}$$

令

$$\bar{x}(t) = \begin{bmatrix} x(t) \\ \Gamma_2 f(t) \end{bmatrix}, \quad \bar{A} = \begin{bmatrix} A & F_1 \Gamma_2^{\dagger} \\ 0 & 0_{r-1} \end{bmatrix}$$

$$\bar{A}_h = \begin{bmatrix} A_h & 0 \\ 0 & 0_{r-1} \end{bmatrix}, \quad \bar{G} = \begin{bmatrix} G \\ 0_{(r-1)\times k} \end{bmatrix}$$

$$\bar{H} = \begin{bmatrix} H \\ 0_{(r-1)\times m} \end{bmatrix}, \quad \bar{E} = \begin{bmatrix} I_n & 0 \\ 0 & 0_{r-1} \end{bmatrix}$$

$$E_0 = \begin{bmatrix} I_n & 0_{n\times(r-1)} \end{bmatrix}, \quad \bar{C} = \begin{bmatrix} \Gamma_1 & I_{r-1} \end{bmatrix}$$

其中，$\Gamma_2^{\dagger}$ 为 Γ_2 的广义逆矩阵。因此，系统 (2.6) 简化为下述增广系统:

$$\begin{cases} \bar{E}\dot{\bar{x}}(t) = \bar{A}\bar{x}(t) + \bar{A}_h \bar{x}(t - h(t)) + \bar{G}g(E_0 \bar{x}(t)) + \bar{H}u(t) \\ \xi(t) = \bar{C}\bar{x}(t) \end{cases} \tag{2.7}$$

从式 (2.7) 可以看出,系统状态 $x(t)$ 和故障 $f(t)$ 已经被转换为增广系统的状态 $\bar{x}(t)$。因此,针对系统 (2.7) 设计状态观测器,状态和故障就可以被同时估计[57,58],得到

$$
\begin{cases}
x(t) = [I_n, 0_{n \times (r-1)}]\bar{x}(t) \\
f(t) = \varGamma_2^\dagger [0_{(r-1) \times n}, I_{r-1}]\bar{x}(t)
\end{cases}
\tag{2.8}
$$

定义

$$
M = \begin{bmatrix} \bar{E} \\ \bar{C} \end{bmatrix} = \begin{bmatrix} I_n & 0 \\ 0 & 0_{r-1} \\ \varGamma_1 & I_{r-1} \end{bmatrix}
\tag{2.9}
$$

计算得知 $\mathrm{rank}(M) = n + r - 1$。这表明,存在一个矩阵 $\bar{L}$ 使得 $\bar{S} = \bar{E} + \bar{L}\bar{C}$ 是非奇异的。定义矩阵 $\bar{L}$ 为

$$
\bar{L} = \begin{bmatrix} 0_{n \times (r-1)} \\ L_{(r-1) \times (r-1)} \end{bmatrix}
\tag{2.10}
$$

通过使用坐标变换 $\tilde{x}(t) = \bar{S}\bar{x}(t)$,系统 (2.7) 可写为

$$
\begin{cases}
\bar{E}\bar{S}^{-1}\dot{\tilde{x}}(t) = \bar{A}\bar{S}^{-1}\tilde{x}(t) + \bar{A}_h\bar{S}^{-1}\tilde{x}(t-h(t)) + \bar{H}u(t) + \bar{G}g(E_0\bar{S}^{-1}\tilde{x}(t)) \\
\xi(t) = \bar{C}\bar{S}^{-1}\tilde{x}(t)
\end{cases}
\tag{2.11}
$$

对于系统 (2.11),增广状态观测器设计为

$$
\begin{cases}
\dot{\bar{z}}(t) = (\bar{A} - \bar{L}_p\bar{C})\bar{S}^{-1}\hat{\tilde{x}}(t) + \bar{H}u(t) + \bar{L}_p\xi(t) + (\bar{A}_h - \bar{L}_h\bar{C})\bar{S}^{-1}\hat{\tilde{x}}(t-h(t)) \\
\qquad + \bar{L}_h\xi(t-h(t)) + \bar{G}g(E_0\bar{S}^{-1}\hat{\tilde{x}}(t)) \\
\hat{\tilde{x}}(t) = \bar{z}(t) + \bar{L}\xi(t)
\end{cases}
\tag{2.12}
$$

其中,$\bar{z}(t)$ 是观测器的状态变量;$\hat{\tilde{x}}(t)$ 是 $\tilde{x}(t)$ 的估计值;$\bar{L}_p$ 和 $\bar{L}_h$ 是观测器增益。对于系统 (2.11),得到

$$
\begin{aligned}
\dot{\tilde{x}}(t) = {}& (\bar{A} - \bar{L}_p\bar{C})\bar{S}^{-1}\tilde{x}(t) + \bar{H}u(t) + \bar{L}_p\xi(t) \\
& + (\bar{A}_h - \bar{L}_h\bar{C})\bar{S}^{-1}\tilde{x}(t-h(t)) + \bar{L}\dot{\xi}(t) \\
& + \bar{G}g(E_0\bar{S}^{-1}\tilde{x}(t)) + \bar{L}_h\xi(t-h(t))
\end{aligned}
\tag{2.13}
$$

由式 (2.12) 进一步得到

$$\dot{\hat{\tilde{x}}}(t) = (\bar{A} - \bar{L}_p\bar{C})\bar{S}^{-1}\hat{\tilde{x}}(t) + \bar{H}u(t) + \bar{L}_p\xi(t)$$

$$+ (\bar{A}_h - \bar{L}_h\bar{C})\bar{S}^{-1}\hat{\tilde{x}}(t - h(t)) + \bar{L}\dot{\xi}(t)$$

$$+ \bar{G}g(E_0\bar{S}^{-1}\hat{\tilde{x}}(t)) + \bar{L}_h\xi(t - h(t)) \tag{2.14}$$

定义误差 $\tilde{e}(t) = \tilde{x}(t) - \hat{\tilde{x}}(t)$，则误差系统描述为

$$\dot{\tilde{e}}(t) = (\bar{A} - \bar{L}_p\bar{C})\bar{S}^{-1}\tilde{e}(t) + \bar{G}g_e(t) + (\bar{A}_h - \bar{L}_h\bar{C})\bar{S}^{-1}\tilde{e}(t - h(t)) \tag{2.15}$$

其中，$g_e(t) = g(E_0\bar{S}^{-1}\tilde{x}(t)) - g(E_0\bar{S}^{-1}\hat{\tilde{x}}(t))$；$\bar{L}_p = M_1^{-1}\bar{Y}_p$；$\bar{L}_h = M_1^{-1}\bar{Y}_h$。

给出以下定理来建立误差系统 (2.15) 的稳定性判据。

定理 2.1 对于给定常数 $0 \leqslant \nu \leqslant 1$、$\beta_1$、$\beta_2$、$\beta_3$、$\beta_4$ 和矩阵 U，如果存在 $M > 0$、$P > 0$、$Q > 0$、$R > 0$ 和任意矩阵 $\bar{Y}_p$、$\bar{Y}_h$ 使得以下不等式成立：

$$\bar{\Omega} = \begin{bmatrix} \bar{\Omega}_{11} & \bar{\Omega}_{12} & \bar{\Omega}_{13} & \bar{\Omega}_{14} & \bar{\Omega}_{15} & M_1\bar{G} \\ * & \bar{\Omega}_{22} & \bar{\Omega}_{23} & \bar{\Omega}_{24} & \bar{\Omega}_{25} & \beta_1 M_1\bar{G} \\ * & * & -\dfrac{4}{h}R & \bar{\Omega}_{34} & \dfrac{6}{h}R & \beta_2 M_1\bar{G} \\ * & * & * & \bar{\Omega}_{44} & -\beta_4 M_1^{\mathrm{T}} & \beta_3 M_1\bar{G} \\ * & * & * & * & -\dfrac{12}{h}R & \beta_4 M_1\bar{G} \\ * & * & * & * & * & -I \end{bmatrix} < 0 \tag{2.16}$$

其中，

$$\bar{\Omega}_{11} = Q + U^{\mathrm{T}}U - \frac{4}{h}R + \mathrm{sym}(M_1\bar{A}\bar{S}^{-1} - \bar{Y}_p\bar{C}\bar{S}^{-1})$$

$$\bar{\Omega}_{12} = M_1\bar{A}_h\bar{S}^{-1} - \bar{Y}_h\bar{C}\bar{S}^{-1} + \beta_1(M_1\bar{A}\bar{S}^{-1} - \bar{Y}_p\bar{C}\bar{S}^{-1})^{\mathrm{T}}$$

$$\bar{\Omega}_{13} = \beta_2(M_1\bar{A}\bar{S}^{-1} - \bar{Y}_p\bar{C}\bar{S}^{-1})^{\mathrm{T}} - \frac{2}{h}R$$

$$\bar{\Omega}_{14} = P - M_1 + \beta_3(M_1\bar{A}\bar{S}^{-1} - \bar{Y}_p\bar{C}\bar{S}^{-1})^{\mathrm{T}}$$

$$\bar{\Omega}_{15} = \beta_4(M_1\bar{A}\bar{S}^{-1} - \bar{Y}_p\bar{C}\bar{S}^{-1})^{\mathrm{T}} + \frac{6}{h}R$$

$$\bar{\Omega}_{22} = -(1-\nu)Q + \mathrm{sym}(\beta_1(M_1\bar{A}_h\bar{S}^{-1} - \bar{Y}_h\bar{C}\bar{S}^{-1}))$$

$$\bar{\Omega}_{23} = \beta_2(M_1\bar{A}_h\bar{S}^{-1} - \bar{Y}_h\bar{C}\bar{S}^{-1})^{\mathrm{T}}$$

$$\bar{\Omega}_{24} = -\beta_1 M_1 + \beta_3 (M_1 \bar{A}_h \bar{S}^{-1} - \bar{Y}_h \bar{C} \bar{S}^{-1})^{\mathrm{T}}$$

$$\bar{\Omega}_{25} = \beta_4 (M_1 \bar{A}_h \bar{S}^{-1} - \bar{Y}_h \bar{C} \bar{S}^{-1})^{\mathrm{T}}$$

$$\bar{\Omega}_{34} = -\beta_2 M_1$$

$$\bar{\Omega}_{44} = hR - \mathrm{sym}(\beta_3 M_1)$$

I 为单位矩阵。那么，误差系统 (2.15) 是渐近稳定的。

证明　选取以下李雅普诺夫泛函：

$$V(\tilde{e}(t)) = \tilde{e}^{\mathrm{T}}(t)P\tilde{e}(t) + \int_{t-h(t)}^{t} \tilde{e}^{\mathrm{T}}(s)Q\tilde{e}(s)\mathrm{d}s + \int_{-h}^{0}\int_{t+\alpha}^{t} \dot{\tilde{e}}^{\mathrm{T}}(s)R\dot{\tilde{e}}(s)\mathrm{d}s$$

$$+ \int_{0}^{t} (\|Ue(s)\|^2 - \|g_e(s)\|^2)\mathrm{d}s \tag{2.17}$$

沿轨迹 (2.15) 求其导数，得到

$$\dot{V}(\tilde{e}(t)) = 2\tilde{e}^{\mathrm{T}}(t)P\dot{\tilde{e}}(t) + \tilde{e}^{\mathrm{T}}(t)Q\tilde{e}(t)$$

$$- (1 - \dot{h}(t))\tilde{e}^{\mathrm{T}}(t - h(t))Q\tilde{e}(t - h(t))$$

$$+ \dot{\tilde{e}}^{\mathrm{T}}(t)hR\dot{\tilde{e}}(t) - \int_{t-h}^{t} \dot{\tilde{e}}^{\mathrm{T}}(s)R\dot{\tilde{e}}(s)\mathrm{d}s$$

$$+ \tilde{e}^{\mathrm{T}}(t)U^{\mathrm{T}}U\tilde{e}(t) - g_e^{\mathrm{T}}(t)g_e(t) \tag{2.18}$$

利用引理 2.1, 可得以下不等式成立：

$$- \int_{t-h}^{t} \dot{\tilde{e}}^{\mathrm{T}}(s)R\dot{\tilde{e}}(s)\mathrm{d}s \leqslant \frac{1}{h}\varpi^{\mathrm{T}}\gamma\varpi \tag{2.19}$$

其中，γ 由式 (2.5) 定义，且

$$\varpi = [\tilde{e}^{\mathrm{T}}(t), \tilde{e}^{\mathrm{T}}(t - h), \breve{e}^{\mathrm{T}}(t)]^{\mathrm{T}}, \quad \breve{e}(t) = \frac{1}{h}\int_{t-h}^{t} \tilde{e}(s)\mathrm{d}s$$

对于任意矩阵 M，有以下方程成立：

$$2\zeta^{\mathrm{T}}(t)M[(\bar{A} - \bar{L}_p\bar{C})\bar{S}^{-1}\tilde{e}(t) + \bar{G}g_e(t) - \dot{\tilde{e}}(t)$$

$$+ (\bar{A}_h - \bar{L}_h\bar{C})\bar{S}^{-1}\tilde{e}(t - h(t))] = 0 \tag{2.20}$$

其中，

$$\zeta(t) = [\tilde{e}^{\mathrm{T}}(t), \tilde{e}^{\mathrm{T}}(t-h(t)), \tilde{e}^{\mathrm{T}}(t-h), \dot{\tilde{e}}^{\mathrm{T}}(t), \breve{e}^{\mathrm{T}}(t)]^{\mathrm{T}}$$

$$M = [M_1, \beta_1 M_1, \beta_2 M_1, \beta_3 M_1, \beta_4 M_1]^{\mathrm{T}}$$

结合式 (2.18) ~ 式 (2.20) 得到

$$\dot{V}(\tilde{e}(t)) \leqslant \bar{\zeta}^{\mathrm{T}}(t) \bar{\varOmega} \bar{\zeta}(t) \tag{2.21}$$

其中，

$$\bar{\zeta}(t) = [\tilde{e}^{\mathrm{T}}(t), \tilde{e}^{\mathrm{T}}(t-h(t)), \tilde{e}^{\mathrm{T}}(t-h), \dot{\tilde{e}}^{\mathrm{T}}(t), \breve{e}^{\mathrm{T}}(t), g_e^{\mathrm{T}}(t)]^{\mathrm{T}}$$

基于 $\bar{\varOmega} < 0$，得到 $\dot{V}(\tilde{e}(t)) \leqslant \bar{\zeta}^{\mathrm{T}}(t) \bar{\varOmega} \bar{\zeta}(t) \leqslant -\gamma_1 \|\bar{\zeta}(t)\|^2 < 0$，其中，$\gamma_1$ 是 $\bar{\varOmega}$ 的最大特征值。根据李雅普诺夫稳定性理论，可得误差系统 (2.15) 是渐近稳定的。证毕。

2.3.2　被动容错控制设计

令

$$L_f = H^{\dagger} F_1 \tag{2.22}$$

其中，$H^{\dagger}$ 为 H 的广义逆矩阵。包含故障估计的容错控制器设计为

$$u(t) = -Kx(t) - L_f f(t) \tag{2.23}$$

将式 (2.22) 和式 (2.23) 代入式 (2.6)，得到

$$\dot{x}(t) = (A - HK)x(t) + A_h x(t-h(t)) + Gg(x(t)) + F_1 \varGamma_2^{\dagger} [0_{r \times n}, I_r] \bar{S}^{-1} \tilde{e}(t) \tag{2.24}$$

下述定理给出系统 (2.24) 的稳定性判据。

定理 2.2　对于给定常数 $0 \leqslant \nu \leqslant 1$、$\beta_1$、$\beta_2$、$\beta_3$、$\beta_4$，如果存在矩阵 $P > 0$、$Q > 0$、$R > 0$ 和任意矩阵 L、M_1，使得以下不等式成立：

$$\varPhi = \begin{bmatrix} \varPhi_{11} & \varPhi_{12} & \varPhi_{13} & \varPhi_{14} & \varPhi_{15} & M_1 \bar{G} \\ * & \varPhi_{22} & \varPhi_{23} & \varPhi_{24} & \varPhi_{25} & \beta_1 M_1 \bar{G} \\ * & * & -\dfrac{4}{h}R & \varPhi_{34} & \dfrac{6}{h}R & \beta_2 M_1 \bar{G} \\ * & * & * & \varPhi_{44} & -\beta_4 M_1^{\mathrm{T}} & \beta_3 M_1 \bar{G} \\ * & * & * & * & -\dfrac{12}{h}R & \beta_4 M_1 \bar{G} \\ * & * & * & * & * & -I \end{bmatrix} < 0 \tag{2.25}$$

其中，

$$\Phi_{11} = Q + U^{\mathrm{T}}U - \frac{4}{h}R + \mathrm{sym}(M_1 A - L)$$

$$\Phi_{12} = M_1 A_h + \beta_1 (M_1 A - L)^{\mathrm{T}}$$

$$\Phi_{13} = \beta_2 (M_1 A - L) - \frac{2}{h}R$$

$$\Phi_{14} = P - M_1 + \beta_3 (M_1 A - L)^{\mathrm{T}}$$

$$\Phi_{15} = \frac{6}{h}R + \beta_4 (M_1 A - L)^{\mathrm{T}}$$

$$\Phi_{22} = -(1 - \nu)Q + \mathrm{sym}(\beta_1 M_1 A_h)$$

$$\Phi_{23} = \beta_2 (M_1 A_h)^{\mathrm{T}}$$

$$\Phi_{24} = -\beta_1 M_1 + \beta_3 (M_1 A_h)^{\mathrm{T}}$$

$$\Phi_{25} = \beta_4 (M_1 A_h)^{\mathrm{T}}$$

$$\Phi_{34} = -\beta_2 M_1$$

$$\Phi_{44} = hR - \mathrm{sym}(\beta_3 M_1)$$

则系统 (2.24) 是渐近稳定的且控制增益为 $K = H^\dagger M_1^\dagger L$。

证明　选取以下李雅普诺夫函数：

$$\bar{V}(t) = V(x(t)) + \lambda V(\tilde{e}(t)) \tag{2.26}$$

其中，

$$V(x(t)) = x^{\mathrm{T}}(t)Px(t) + \int_{t-h(t)}^{t} x^{\mathrm{T}}(s)Qx(s)\mathrm{d}s + \int_{-h}^{0} \int_{t+\alpha}^{t} \dot{x}^{\mathrm{T}}(s)R\dot{x}(s)\mathrm{d}s$$

$$+ \int_{0}^{t} (\|Ux(s)\|^2 - \|g(x(s))\|^2)\mathrm{d}s \tag{2.27}$$

$V(\tilde{e}(t))$ 由式 (2.18) 定义且 $\lambda > 0$，得到

$$\dot{V}(x(t)) \leqslant \eta^{\mathrm{T}}(t)\Phi\eta(t) + 2x^{\mathrm{T}}(t)PF_1 \Gamma_2^\dagger [0_{r\times n},\ I_r]\bar{S}^{-1}\tilde{e}(t)$$

$$\leqslant -\gamma_2 \|\eta(t)\|^2 + \Delta\|\eta(t)\|\|\bar{\zeta}(t)\| \tag{2.28}$$

其中，γ_2 是 Φ 的最大特征值；$\eta(t) = [x^{\mathrm{T}}(t),\ x^{\mathrm{T}}(t - h(t)),\ x^{\mathrm{T}}(t - h),\ \dot{x}^{\mathrm{T}}(t),\ \breve{x}(t),$ $g^{\mathrm{T}}(x(t))]^{\mathrm{T}}$；$\Delta = 2\|PF_1 \Gamma_2^\dagger [0_{r\times n},\ I_r]\bar{S}^{-1}\|$。

因此，得到

$$\dot{\bar{V}}(t) \leqslant -\gamma_2 \|\eta(t)\|^2 + \Delta\|\eta(t)\|\|\bar{\zeta}(t)\| - \lambda\gamma_1 \|\bar{\zeta}(t)\|^2$$

当 $\lambda \geqslant \dfrac{2\Delta}{\gamma_1 \gamma_2}$ 时，得到 $\dot{V}(t) \leqslant 0$，这表明系统 (2.24) 是渐近稳定的。证毕。

2.4　仿真研究

如文献 [50] 所述，乳液聚合系统共有五个输入，即 $u_1 = 0.299 \times 10^3 \text{mol/s}$、$u_2 = 0.281 \times 10^3 \text{mol/s}$、$u_3 = 0.710 \times 10^3 \text{mol/s}$、$u_4 = 0.271 \times 10^3 \text{mol/s}$、$u_5 = 0.186 \times 10^3 \text{mol/s}$，B 样条函数 $\phi_i(y)(i = 1, 2, 3, 4, 5)$ 选取为

$$\phi_i(y) = 0.5 \left(\frac{y}{100} - i + 1 \right)^2 I_i + \left\{ \left[-\left(\frac{y}{100} \right)^2 + (2i+1)\frac{y}{100} - 2\sum_{j=1}^{i} j + 0.5 \right] I_{i+1} \right.$$

$$\left. + 0.5 \left(i + 2 - \frac{y}{100} \right)^2 \right\} I_{i+2}$$

其中，$I_i(i = 1, 2, 3, 4, 5)$ 是单位脉冲函数，其定义为

$$I_i = \begin{cases} 1, & y \in [100(i-1), 100i) \\ 0, & \text{其他} \end{cases}$$

系统系数矩阵选取为

$$A = \begin{bmatrix} 0 & 5 & 0 & 0 & 0 \\ -2.5 & 0 & 19.5 & 0 & 12 \\ 0 & 0 & 0 & 1 & 0 \\ 48.6 & 0 & -48.6 & -1.25 & 5.5 \\ 0 & 0 & 0 & 0 & 1 \end{bmatrix}, \quad H = \begin{bmatrix} 1.4 & 0 & 0 & 0 & 0 \\ 0 & 21.6 & 0 & 0 & 0 \\ 0 & 0 & 3.5 & 0 & 0 \\ 0 & 0 & 0 & 7.8 & 0 \\ 0 & 0 & 0 & 0 & 15.6 \end{bmatrix}$$

$$A_h = 0.1I, \quad G = 0.1I, \quad F_2 = [1\ 1\ 1\ 0\ 0]$$

$$F_1 = \begin{bmatrix} -5 \\ 21.6 \\ 0 \\ 0 \\ 0 \end{bmatrix}, \quad E = \begin{bmatrix} 15 & -1 & -5 & 3 & 1 \\ 1 & 1 & 5 & -3 & 1 \\ 0 & 0 & -20 & 5 & 0 \\ 0 & 5 & 0 & 0 & 5 \end{bmatrix}$$

$$g(x(t)) = \begin{bmatrix} 0 \\ -3.33 \sin x_1 \\ 0 \\ 0 \\ 0 \end{bmatrix}, \quad u(t) = \begin{bmatrix} -\cos(\pi t) \\ -\sin(\pi t) \\ 2t \\ -1 \\ 1 \end{bmatrix}$$

假设故障 $f(t)$ 满足

$$f(t) = \begin{cases} 0, & 0 \leqslant t < 4 \text{ 或 } t \geqslant 6 \\ 3, & 4 \leqslant t < 6 \end{cases}$$

根据式 (2.10)，选取 $L_{(r-1)\times(r-1)} = [10,0;0,10]$，使得 $\bar{S}$ 是可逆的。初始状态选为 $x(0) = [-1, -1, -1, -1, -1]$。

1. 故障估计

观测器设计为式 (2.12)，增广状态 $\tilde{x}(t)$ 可以被估计，因此状态 $x(t)$ 和故障 $f(t)$ 可以被同时估计。

根据定理 2.1，选取

$$\bar{L}_p = [-0.07, -0.15; 0.30, 0.65; 0, 0; 0, 0; 0, 0; 2.98, 0; 0, 2.98]$$

$$\bar{L}_h = [0, 0; 0, 0; 0, 0; 0, 0; 0, 0; 0, 0; 3.07, 0; 0, 3.07]$$

图 2.1 为故障 $f(t)$ 及其估计。从上述仿真结果可以看出，所设计的观测器能够很好地同时估计状态和故障。

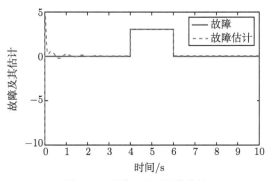

图 2.1 故障 $f(t)$ 及其估计

2. 容错控制设计

容错控制器设计如式 (2.23) 所示。基于定理 2.2，控制器增益选为 $K = [0.72,$ $-0.26, -0.34, 0.05, -0.17; -3.44, 1.86, -0.75, -0.02, 1.43; 0.00, -0.04, 0.16,$ $-0.01, -0.04; 6.36, -1.39, -6.53, 0.84, -0.59; 0.02, -0.0069, -0.02, 0, 0]$。仿真结果见图 2.2，从图中可以看出，提出的容错控制器能够有效抑制加性故障和时滞对系统的影响。

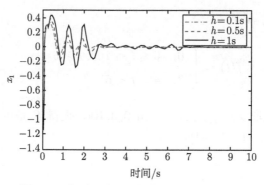

图 2.2   在不同时滞下状态 x_1 的响应曲线

2.5   本 章 小 结

本章首先针对含加性故障的随机分布系统，设计了一种鲁棒增广状态观测器。然后，基于此观测器提出了被动容错控制方案。仿真结果表明，所设计的观测器能够同时估计故障和权状态，当系统发生故障时，设计的控制方案能抑制故障对系统的影响，提高控制性能，并且随着时滞参数的增大，系统的收敛时间变长，这说明所提出的方案对于时滞参数具有较强的敏感性。仿真结果验证了本章所提出的控制方法的优越性。

第 3 章　基于中间观测器的广义 PID 型故障容错形状控制

对于含有故障的随机分布系统，为了克服执行器故障有界限制和观测器匹配条件限制，引入一个新的中间变量设计中间观测器。利用此观测器可以同时估计未知故障和权动态。基于获得的故障信息，建立广义 PID 型故障容错形状控制算法，实现故障补偿并跟踪期望的 PDF。最后，通过数值仿真验证该方法的有效性。

3.1　引　　言

对于含有故障的随机分布系统，实现鲁棒容错控制需要准确的故障估计方法作为前提。多种典型的故障估计方法已有相应报道，如基于滑模观测器的故障估计方法[59,60]和基于未知输入干扰观测器的故障估计方法[61,62]。然而，这些方法通常需要满足观测器匹配条件。最近，文献 [63] 和 [64] 提出了基于中间观测器的故障估计方法，该方法不需要满足匹配条件。目前，值得指出的是，针对随机分布系统的基于中间观测器的故障容错形状控制还未见报道，这仍然是一个值得研究的问题。

受上述讨论的启发，本章首先引入一个中间变量，利用系统输出的 PDF 信息建立中间观测器来估计故障，并避免观测器匹配条件和故障有界的限制。在此基础上建立广义 PID 型故障容错形状控制策略并跟踪期望的 PDF。与上述提及的文献结果相比，本章的主要贡献包括：① 与文献 [63] 和 [64] 中的方法不同，本章设计的中间观测器是使用输出 PDF 信息而不是使用输出信号本身；② 基于滑模观测器的故障估计方法[59,60]需要故障有界及其一阶导数已知，而本章的设计过程并不需要这些假设；③ 所建立的广义 PID 型控制器即便在出现故障时也能跟踪期望 PDF。

3.2　问 题 描 述

在随机分布系统中，$u(t)$ 表示系统输入，$\psi(y, u(t))$ 表示输出概率密度函数。类似文献 [43] 中的方法，$\psi(y, u(t))$ 近似为

$$\sqrt{\psi(y, u(t))} = \mathcal{W}^{\mathrm{T}}(y)\mathcal{V}(t) + h(\mathcal{V}(t))w_n(y) \tag{3.1}$$

其中,

$$\mathcal{W}^{\mathrm{T}}(y) = \mathcal{W}_0^{\mathrm{T}}(y) - \frac{\Xi_2}{\Xi_3} w_n(y), \quad h(\mathcal{V}(t)) = \frac{\sqrt{\Xi_3 - \mathcal{V}^{\mathrm{T}}(t)\Xi_0 \mathcal{V}(t)}}{\Xi_3} \tag{3.2}$$

$$\begin{cases} \Xi_1 = \displaystyle\int_a^b \mathcal{W}_0(y)\mathcal{W}_0^{\mathrm{T}}(y)\mathrm{d}y \\[2mm] \Xi_2 = \displaystyle\int_a^b \mathcal{W}_0(y)w_n(y)\mathrm{d}y \\[2mm] \Xi_3 = \displaystyle\int_a^b w_n^2(y)\mathrm{d}y \\[2mm] \Xi_0 = \Xi_1 \Xi_3 - \Xi_2 \Xi_2^{\mathrm{T}} \end{cases} \tag{3.3}$$

$\mathcal{W}_0^{\mathrm{T}}(y) = [w_1(y), w_2(y), \cdots, w_{n-1}(y)]$, $\mathcal{V}(t) = [v_1(u(t), t), v_2(u(t), t), \cdots, v_n(u(t), t)]^{\mathrm{T}}$ 是预先设定的基函数和相应的权动态 $[a, b]$。

类似第 2 章的描述, 输出 $u(t)$ 和权动态 $\mathcal{V}(t)$ 之间的关系可以表示为

$$\begin{cases} \dot{x}(t) = \mathcal{A}x(t) + \mathcal{H}u(t) + \mathcal{G}g(x(t)) + \mathcal{J}f(t) \\ \mathcal{V}(t) = \mathcal{E}x(t) \end{cases} \tag{3.4}$$

其中, $x(t)$、$f(t)$ 分别表示系统状态和未知有界故障; $\mathcal{A}$、$\mathcal{H}$、$\mathcal{G}$、$\mathcal{J}$ 和 $\mathcal{E}$ 为系统参数矩阵; $g(\cdot)$ 和 $h(\cdot)$ 满足如下假设。

假设 3.1　对任意的 $\chi_1(t)$ 和 $\chi_2(t)$, 函数 $h(\chi(t))$ 和 $g(\chi(t))$ 满足

$$\|h(\chi_1(t)) - h(\chi_2(t))\| \leqslant \|U_1(\chi_1(t) - \chi_2(t))\| \tag{3.5}$$

$$\|g(\chi_1(t)) - g(\chi_2(t))\| \leqslant \|U_2(\chi_1(t) - \chi_2(t))\| \tag{3.6}$$

其中, U_1、U_2 是已知矩阵且 $h(0) = g(0) = 0$。

假设 3.2　故障参数矩阵 $\mathcal{J}$ 是列满秩的。

假设 3.3　故障 $f(t)$ 是可微的且满足 $\|\dot{f}(t)\| \leqslant l_f$, 其中 l_f 是正常数。

注解 3.1　假设 3.1 和假设 3.2 是后续观测器设计的必要假设。在文献 [65] 的滑模观测器设计中, 故障 $f(t)$ 的导数和界均需已知。文献 [66] 提出的自适应观测器要求故障一阶导数有界, 而假设 3.3 中参数 l_f 是未知的, 故障 $f(t)$ 是无界的。与文献 [65] 和 [66] 相比, 本章所提出方法适合更一般形式的故障。

因此, 权动态系统可以描述为

$$\begin{cases} \dot{x}(t) = \mathcal{A}x(t) + \mathcal{H}u(t) + \mathcal{G}g(x(t)) + \mathcal{J}f(t) \\ \mathcal{V}(t) = \mathcal{E}x(t) \\ \sqrt{\psi(z, u(t))} = \mathcal{W}^{\mathrm{T}}(z)\mathcal{E}x(t) + h(\mathcal{E}x(t))w_n(z) \end{cases} \tag{3.7}$$

注解 3.2　由式 (3.7) 可知, 故障 $f(t)$ 会影响输出 PDF 的形状。为了降低故障 $f(t)$ 对形状跟踪控制的影响, 故障容错形状控制包括两部分: 一部分是设计中间观测器实现故障 $f(t)$ 的准确估计; 另一部分是设计控制器补偿故障 $f(t)$ 并跟踪期望的输出 PDF。

3.3　主　要　结　果

3.3.1　中间观测器设计

观测器匹配条件 $\mathrm{rank}(\mathcal{E}\mathcal{J}) = r$, 其中 r 是 $\mathcal{J}$ 列满秩。为了避免匹配条件, 定义中间变量 $\varpi(t)$ 为

$$\varpi(t) = -\mathcal{K}x(t) + f(t) \tag{3.8}$$

其中, $\mathcal{K}$ 是要求解的增益。中间观测器设计如下:

$$\begin{cases} \dot{\hat{x}}(t) = \mathcal{A}\hat{x}(t) + \mathcal{H}u(t) + \mathcal{G}g(\hat{x}(t)) + \mathcal{J}\hat{f}(t) + L\xi(t) \\ \hat{f}(t) = \hat{\varpi}(t) + \mathcal{K}\hat{x}(t) \\ \dot{\hat{\varpi}}(t) = -\mathcal{K}[\mathcal{J}\hat{\varpi}(t) + \mathcal{A}\hat{x}(t) + \mathcal{H}u(t) + \mathcal{G}g(\hat{x}(t)) + \mathcal{J}\mathcal{K}\hat{x}(t)] \\ \xi(t) = \int_a^b \nu(y)\left(\sqrt{\psi(y, u(t))} - \sqrt{\hat{\psi}(y, u(t))}\right)\mathrm{d}y \\ \sqrt{\hat{\eta}(y, u(t))} = \mathcal{W}^{\mathrm{T}}(y)\mathcal{E}\hat{x}(t) + h(\mathcal{E}\hat{x}(t))w_n(y) \end{cases}$$

其中, $\hat{x}(t)$、$\hat{f}(t)$、$\hat{\varpi}(t)$ 和 $\hat{\psi}(y, u(t))$ 分别是 $x(t)$、$f(t)$、$\varpi(t)$ 和 $\psi(y, u(t))$ 的估计值; $\nu(y)$ 是预先定义在 $[a, b]$ 上的权重; 观测器增益 L 是需要后续求解获得的。

定义 $e_x(t) = x(t) - \hat{x}(t)$、$\tilde{g}(t) = g(x(t)) - g(\hat{x}(t))$、$\tilde{h}(t) = h(\mathcal{E}x(t)) - h(\mathcal{E}\hat{x}(t))$、$e_f(t) = f(t) - \hat{f}(t)$、$e_\varpi(t) = \varpi(t) - \hat{\varpi}(t)$ 和 $\mathcal{K} = \varepsilon\mathcal{J}^{\mathrm{T}}$, 其中 ε 是可调参数。于是, 误差系统可以描述为

$$\begin{cases} \dot{e}_x(t) = (\mathcal{A} - L\Gamma_1)e_x(t) + \mathcal{G}\tilde{g}(t) - L\Gamma_2\tilde{h}(t) + \mathcal{J}e_f(t) \\ e_f(t) = e_\varpi(t) + \varepsilon\mathcal{J}^{\mathrm{T}}e_x(t) \\ \dot{e}_\varpi(t) = -(\varepsilon\mathcal{J}^{\mathrm{T}}\mathcal{A} + \varepsilon^2\mathcal{J}^{\mathrm{T}}\mathcal{J}\mathcal{J}^{\mathrm{T}})e_x(t) - \varepsilon\mathcal{J}^{\mathrm{T}}\mathcal{G}\tilde{g}(t) \\ \qquad - \varepsilon\mathcal{J}^{\mathrm{T}}\mathcal{J}e_\varpi(t) + \dot{f}(t) \end{cases} \tag{3.9}$$

其中，

$$
\begin{cases}
\varGamma_1 = \displaystyle\int_a^b \nu(y)\mathcal{W}^{\mathrm{T}}(y)\mathcal{E}\,\mathrm{d}y \\[3mm]
\varGamma_2 = \displaystyle\int_a^b \nu(y)w_n(y)\,\mathrm{d}y
\end{cases}
\tag{3.10}
$$

下面的定理提供了求解观测器增益 L 的方法。

定理 3.1　对于给定的常数 $\lambda_i(i=1,2)$、$\mu>0$ 和 ε，如果存在矩阵 R，以及矩阵 $P_1>0$ 和 $P_2>0$，使得如下不等式成立：

$$
\varPi =
\begin{bmatrix}
\varPi_{11} & \varPi_{12} & -R\varGamma_2 & P_1\mathcal{G} & 0 \\[2mm]
* & \varPi_{22} & 0 & -\varepsilon P_2\mathcal{J}^{\mathrm{T}}\mathcal{G} & P_2 \\[2mm]
* & * & -\dfrac{1}{\lambda_1^2}I & 0 & 0 \\[2mm]
* & * & * & -\dfrac{1}{\lambda_2^2}I & 0 \\[2mm]
* & * & * & * & -\dfrac{1}{\mu}I
\end{bmatrix}
< 0
\tag{3.11}
$$

其中，

$$
\varPi_{11} = \mathrm{sym}(P_1\mathcal{A} - R\varGamma_1 + \varepsilon P_1\mathcal{J}\mathcal{J}^{\mathrm{T}}) + \frac{1}{\lambda_1^2}\mathcal{E}^{\mathrm{T}}U_1^{\mathrm{T}}U_1\mathcal{E} + \frac{1}{\lambda_2^2}U_2^{\mathrm{T}}U_2
$$

$$
\varPi_{12} = P_1\mathcal{J} - \varepsilon\mathcal{A}^{\mathrm{T}}\mathcal{J}P_2 - \varepsilon^2\mathcal{J}\mathcal{J}^{\mathrm{T}}\mathcal{J}P_2
$$

$$
\varPi_{22} = \mathrm{sym}(-\varepsilon P_2\mathcal{J}^{\mathrm{T}}\mathcal{J})
$$

则误差系统 (3.9) 是一致最终有界的，并且增益为 $L = P_1^{-\mathrm{T}}R$。

证明　选取如下李雅普诺夫函数：

$$
\begin{aligned}
\varPhi_e(t) ={}& e_x^{\mathrm{T}}(t)P_1 e_x(t) + e_\varpi^{\mathrm{T}}(t)P_2 e_\varpi(t) \\[2mm]
& + \frac{1}{\lambda_1^2}\int_0^t \left(\|U_1\mathcal{E}e_x(s)\|^2 - \|\tilde{h}(s)\|^2 \right)\mathrm{d}s \\[2mm]
& + \frac{1}{\lambda_2^2}\int_0^t \left(\|U_2 e_x(s)\|^2 - \|\tilde{g}(s)\|^2 \right)\mathrm{d}s
\end{aligned}
\tag{3.12}
$$

其中，$P_1>0$；$P_2>0$。于时，对 $\varPhi_e(t)$ 求导得到

$$
\dot{\varPhi}_e(t) = e_x^{\mathrm{T}}(t)\left[P_1(\mathcal{A}-L\varGamma_1) + (\mathcal{A}-L\varGamma_1)^{\mathrm{T}}P_1 \right]e_x(t)
$$

$$+ 2e_x^{\mathrm{T}}(t)P_1\mathcal{G}\tilde{g}(t) - 2e_x^{\mathrm{T}}(t)P_1L\Gamma_2\tilde{h}(t)$$

$$+ 2e_x^{\mathrm{T}}(t)P_1\mathcal{J}e_\varpi(t) + 2\varepsilon e_x^{\mathrm{T}}(t)P_1\mathcal{J}\mathcal{J}^{\mathrm{T}}e_x(t)$$

$$- 2\varepsilon e_\varpi^{\mathrm{T}}(t)P_2\mathcal{J}^{\mathrm{T}}\mathcal{A}e_x(t) - 2\varepsilon^2 e_\varpi^{\mathrm{T}}(t)P_2\mathcal{J}^{\mathrm{T}}\mathcal{J}\mathcal{J}^{\mathrm{T}}e_x(t)$$

$$- 2\varepsilon e_\varpi^{\mathrm{T}}(t)P_2\mathcal{J}^{\mathrm{T}}\mathcal{G}\tilde{g}(t) - 2\varepsilon e_\varpi^{\mathrm{T}}(t)P_2\mathcal{J}^{\mathrm{T}}Je_\varpi(t)$$

$$+ 2e_\varpi^{\mathrm{T}}(t)P_2\dot{f}(t) - \frac{1}{\lambda_1^2}\tilde{h}^{\mathrm{T}}(t)\tilde{h}(t) - \frac{1}{\lambda_2^2}\tilde{g}^{\mathrm{T}}(t)\tilde{g}(t)$$

$$+ e_x^{\mathrm{T}}(t)\left(\frac{1}{\lambda_2^2}U_2^{\mathrm{T}}U_2 + \frac{1}{\lambda_1^2}\mathcal{E}^{\mathrm{T}}U_1^{\mathrm{T}}U_1\mathcal{E}\right)e_x(t) \tag{3.13}$$

采用杨氏 (Young's) 不等式，对于 $\mu > 0$，下面的不等式成立：

$$2e_\varpi^{\mathrm{T}}(t)P_2\dot{f}(t) \leqslant \frac{1}{\mu}l_f^2 + \mu e_\varpi^{\mathrm{T}}(t)P_2P_2e_\varpi(t) \tag{3.14}$$

进一步得到

$$\dot{\Phi}_e(t) \leqslant \bar{e}^{\mathrm{T}}(t)\Omega\bar{e}(t) + \frac{1}{\mu}l_f^2 \tag{3.15}$$

其中，

$$\bar{e}(t) = \begin{bmatrix} e_x(t) \\ e_\varpi(t) \\ \tilde{h}(t) \\ \tilde{g}(t) \end{bmatrix}, \quad \Omega = \begin{bmatrix} \Omega_{11} & \Omega_{12} & -P_1L\Omega_2 & P_1\mathcal{G} \\ * & \Omega_{22} & 0 & -\varepsilon P_2\mathcal{J}^{\mathrm{T}}\mathcal{G} \\ * & * & -\dfrac{1}{\lambda_1^2}I & 0 \\ * & * & * & -\dfrac{1}{\lambda_2^2}I \end{bmatrix}$$

$$\Omega_{11} = \mathrm{sym}(P_1\mathcal{A} - P_1L\Gamma_1 + \varepsilon P_1\mathcal{J}\mathcal{J}^{\mathrm{T}}) + \frac{1}{\lambda_1^2}\mathcal{E}^{\mathrm{T}}U_1^{\mathrm{T}}U_1\mathcal{E} + \frac{1}{\lambda_2^2}U_2^{\mathrm{T}}U_2$$

$$\Omega_{12} = P_1\mathcal{J} - \varepsilon\mathcal{A}^{\mathrm{T}}\mathcal{J}P_2 - \varepsilon^2\mathcal{J}\mathcal{J}^{\mathrm{T}}\mathcal{J}P_2 + \mu P_2P_2$$

$$\Omega_{22} = \mathrm{sym}(-\varepsilon P_2\mathcal{J}^{\mathrm{T}}\mathcal{J})$$

由式 (3.12) 可得

$$\Phi_e(t) \leqslant \lambda_{\max}(P_1)\|e_x(t)\|^2 + \lambda_{\max}(P_2)\|e_\varpi(t)\|^2$$

$$+ \frac{1}{\lambda_1^2}\|U_1\mathcal{E}\|\|e_x(t)\|^2 + \frac{1}{\lambda_2^2}\|U_2\|\|e_x(t)\|^2$$

$$\leqslant \bar{\kappa}(\|e_x(t)\|^2 + \|e_\varpi(t)\|^2) \tag{3.16}$$

其中，$\bar{\kappa} = \max\left\{\lambda_{\max}(P_1) + \frac{1}{\lambda_1^2}\|U_1\mathcal{E}\| + \frac{1}{\lambda_2^2}\|U_2\|, \lambda_{\max}(P_2)\right\}$。当 $\Omega < 0$ 时，下面的不等式成立：

$$\dot{\Phi}_e(t) \leqslant -\alpha\Phi_e(t) + \beta \tag{3.17}$$

其中，

$$\alpha = \frac{\lambda_{\min}\{-\Omega\}}{\max\{\zeta, \lambda_{\max}(P_2)\}}$$

$$\beta = \frac{1}{\mu}l_f^2$$

$$\zeta = \lambda_{\max}(P_1) + \frac{1}{\lambda_1^2}\|U_1\mathcal{E}\| + \frac{1}{\lambda_2^2}\|U_2\|$$

定义集合 Σ 如下：

$$\left\{(e_x(t), e_\varpi(t)) \mid \zeta\|e_x(t)\|^2 + \lambda_{\max}(P_2)\|e_\varpi(t)\|^2 \leqslant \frac{\beta}{\alpha}\right\} \tag{3.18}$$

$\bar{\Sigma}$ 是集合 Σ 的补集，当 $(e_x(t), e_\varpi(t)) \in \bar{\Sigma}$ 时，有

$$\Phi_e(t) \geqslant \zeta\|e_x(t)\|^2 + \lambda_{\max}(P_2)\|e_\varpi(t)\|^2 > \frac{\beta}{\alpha} \tag{3.19}$$

于是可知，$\dot{\Phi}_e(t) \leqslant 0$。因此，$(e_x(t), e_\varpi(t))$ 是一致最终有界的。证毕。

3.3.2 故障容错控制设计

为设计故障容错控制器，期望的 PDF $\psi_g(y, u(t))$ 定义如下：

$$\sqrt{\psi_g(y, u(t))} = \mathcal{W}^{\mathrm{T}}(y)\mathcal{V}_g(t) + h(\mathcal{V}_g(t))w_n(y) \tag{3.20}$$

其中，$\mathcal{V}_g(t)$ 是期望的权值。跟踪误差 Δ_e 定义为

$$\Delta_e = \sqrt{\psi(y, u(t))} - \sqrt{\psi_g(y, u(t))}$$

$$= \mathcal{W}^{\mathrm{T}}(y)e_v(t) + (h(\mathcal{V}(t)) - h(\mathcal{V}_g(t)))\,w_n(y) \tag{3.21}$$

其中，$e_v(t) = \mathcal{V}(t) - \mathcal{V}_g(t)$。由于 $h(\mathcal{V}(t))$ 满足假设 3.1，若 $e_v(t) \to 0$，则 $\Delta_e \to 0$ 是成立的。于是，容错形状跟踪问题转化为，当故障 $f(t)$ 发生时，权动态 $\mathcal{V}(t)$ 跟踪期望权值 $\mathcal{V}_g(t)$ 的问题。

定义 $\bar{x}(t) = \left[\dot{x}^{\mathrm{T}}(t), \ x^{\mathrm{T}}(t), \ \left(\int_0^t e_v(\tau)\mathrm{d}\tau \right)^{\mathrm{T}} \right]^{\mathrm{T}}$，权动态系统描述为

$$E\dot{\bar{x}}(t) = \bar{A}\bar{x}(t) + \bar{H}u(t) + \bar{G}g(N\bar{x}(t)) + \bar{J}f(t) + M\mathcal{V}_g(t) \tag{3.22}$$

其中，

$$E = \begin{bmatrix} 0 & 0 & 0 \\ 0 & I & 0 \\ 0 & 0 & I \end{bmatrix}, \quad \bar{A} = \begin{bmatrix} -I & \mathcal{A} & 0 \\ I & 0 & 0 \\ 0 & \mathcal{E} & 0 \end{bmatrix}$$

$$\bar{H} = \begin{bmatrix} \mathcal{H} \\ 0 \\ 0 \end{bmatrix}, \quad \bar{G} = \begin{bmatrix} \mathcal{G} \\ 0 \\ 0 \end{bmatrix}$$

$$\bar{J} = \begin{bmatrix} \mathcal{J} \\ 0 \\ 0 \end{bmatrix}, \quad M = \begin{bmatrix} 0 \\ 0 \\ -I \end{bmatrix}$$

$$N = \begin{bmatrix} 0 & I & 0 \end{bmatrix}$$

根据假设 3.1，函数 $g(N\bar{x}(t))$ 满足如下形式：

$$\|g(N\bar{x}(t))\| \leqslant \|U_2(x(t) - 0)\| = \|U\bar{x}(t)\| \tag{3.23}$$

其中，$U = \mathrm{diag}\{0, U_2, 0\}$。控制器设计为

$$u(t) = K\hat{\bar{x}}(t) - \bar{H}^\dagger \bar{J}\hat{f}(t) \tag{3.24}$$

其中，

$$K = [k_d, \ k_p, \ k_i]$$

$$\hat{\bar{x}}(t) = \left[\dot{\hat{x}}^{\mathrm{T}}(t), \ \hat{x}^{\mathrm{T}}(t), \ \left(\int_0^t \hat{e}_v(\tau)\mathrm{d}\tau \right)^{\mathrm{T}} \right]^{\mathrm{T}}$$

且 $\hat{e}_v(t) = \hat{\mathcal{V}}(t) - \mathcal{V}_g(t)$，$K$ 是控制器增益，$\hat{\bar{x}}(t)$ 和 $\hat{\mathcal{V}}(t)$ 分别是 $\bar{x}(t)$、$\mathcal{V}(t)$ 的估计值；$\bar{H}^\dagger$ 是矩阵 $\bar{H}$ 的广义逆矩阵。

于是，系统 (3.22) 和控制器 (3.24) 构成的闭环系统为

$$E\dot{\bar{x}}(t) = (\bar{A} + \bar{H}K)\bar{x}(t) + (-\bar{H}K + \varepsilon\bar{J}\bar{J}^{\mathrm{T}})e_{\bar{x}}(t)$$
$$+ \bar{G}g(N\bar{x}(t)) + \bar{J}e_{\varpi}(t) + MV_g(t) \tag{3.25}$$

其中，$e_{\bar{x}}(t) = \bar{x}(t) - \hat{\bar{x}}(t)$；$e_{\varpi}(t)$ 的定义见式 (3.9)。

定理 3.2　对于给定的参数 λ_3 和 $\gamma > 0$，如果存在常数 $\kappa_1 > 0$、可逆矩阵 P_3 使得如下不等式成立：

$$\Delta_1 = \begin{bmatrix} \Sigma_1 & P_3\bar{G} & P_3M \\ * & -\dfrac{1}{\lambda_3^2}I & 0 \\ * & * & -\gamma I \end{bmatrix} < 0 \tag{3.26}$$

$$P_3E = EP_3 \geqslant 0 \tag{3.27}$$

其中，$\Sigma_1 = P_3(\bar{A} + \bar{H}K) + (\bar{A} + \bar{H}K)^{\mathrm{T}}P_3 + \dfrac{1}{\lambda_3^2}U^{\mathrm{T}}U + \kappa_1 I$，则系统 (3.25) 是稳定的且权动态 $\mathcal{V}(t)$ 收敛于期望权值 $\mathcal{V}_g(t)$。

证明　构建如下函数：

$$\Phi(t) = \Phi_{\bar{x}}(t) + \epsilon\Phi_e(t) \tag{3.28}$$

其中，$\Phi_{\bar{x}}(t) = \bar{x}^{\mathrm{T}}(t)P_3E\bar{x}(t) + \dfrac{1}{\lambda_3^2}\displaystyle\int_0^t (\|U\bar{x}(s)\|^2 - \|g(N\bar{x}(s))\|^2)\mathrm{d}s$；$\epsilon$ 是正常数；$\Phi_e(t)$ 的定义见式 (3.12)。

由不等式 (3.23) 和式 (3.27) 可知，$\Phi_{\bar{x}}(t) \geqslant 0$。沿轨迹 (3.25) 对 $\Phi_{\bar{x}}(t)$ 求导得到

$$\dot{\Phi}_{\bar{x}}(t) = \bar{x}^{\mathrm{T}}(t)\left[P_3(\bar{A} + \bar{H}K) + (\bar{A} + \bar{H}K)^{\mathrm{T}}P_3\right]\bar{x}(t)$$
$$+ 2\bar{x}^{\mathrm{T}}(t)P_3\bar{G}g(N\bar{x}(t)) + 2\bar{x}^{\mathrm{T}}(t)P_3\bar{J}e_{\varpi}(t)$$
$$+ 2\bar{x}^{\mathrm{T}}(t)P_3MV_g(t) + 2\bar{x}^{\mathrm{T}}(t)P_3(-\bar{H}K + \varepsilon\bar{J}\bar{J}^{\mathrm{T}})e_{\bar{x}}(t)$$
$$+ \dfrac{1}{\lambda_3^2}\bar{x}^{\mathrm{T}}(t)U^{\mathrm{T}}U\bar{x}(t) - \dfrac{1}{\lambda_3^2}g^{\mathrm{T}}(N\bar{x}(t))g(N\bar{x}(t)) \tag{3.29}$$

于是

$$\dot{\Phi}_{\bar{x}}(t) - \gamma\mathcal{V}_g^{\mathrm{T}}(t)\mathcal{V}_g(t) = \vartheta^{\mathrm{T}}(t)\Delta_2\vartheta(t) + 2\bar{x}^{\mathrm{T}}(t)P_3\bar{J}e_{\varpi}(t)$$

$$+2\bar{x}^{\mathrm{T}}(t)P_3(-\bar{H}K+\varepsilon\bar{J}\bar{J}^{\mathrm{T}})e_{\bar{x}}(t) \tag{3.30}$$

其中,

$$\vartheta(t)=\begin{bmatrix} \bar{x}(t) \\ g(N\bar{x}(t)) \\ \mathcal{V}_g(t) \end{bmatrix}, \quad \Delta_2=\begin{bmatrix} \Sigma_2 & P_3\bar{G} & P_3M \\ * & -\dfrac{1}{\lambda_3^2}I & 0 \\ * & * & -\gamma I \end{bmatrix} \tag{3.31}$$

$\Sigma_2=P_3(\bar{A}+\bar{H}K)+(\bar{A}+\bar{H}K)^{\mathrm{T}}P_3+\dfrac{1}{\lambda_3^2}U^{\mathrm{T}}U$。对于 $\vartheta(t)\neq 0$, 有式 (3.26) 成立,
进一步有 $\vartheta^{\mathrm{T}}(t)\Delta_2\vartheta(t)<\vartheta^{\mathrm{T}}(t)\mathrm{diag}\{-\kappa_1 I,\,0,\,0\}\vartheta(t)=-\kappa_1\|\bar{x}(t)\|^2$ 成立。于是,
$\dot{\Phi}(t)-\gamma\mathcal{V}_g^{\mathrm{T}}(t)\mathcal{V}_g(t)<-\kappa_1\|\bar{x}(t)\|^2+2\bar{x}^{\mathrm{T}}(t)\Delta_3\zeta(t)-\epsilon\left(\lambda_{\min}(-\Omega)\|\bar{e}(t)\|^2-\dfrac{1}{\mu}l_f^2\right)$,
其中, $\Delta_3=[-\bar{H}K+\varepsilon\bar{J}\bar{J}^{\mathrm{T}},\,P_3\bar{J}]$, $\zeta(t)=[e_{\bar{x}}^{\mathrm{T}}(t),\,e_{\varpi}^{\mathrm{T}}(t)]^{\mathrm{T}}$。

对于 $\lambda_{\min}(-\Omega)\|\bar{e}(t)\|^2>\dfrac{1}{\mu}l_f^2$, 存在常数 $\kappa_2>0$ 使得

$$\lambda_{\min}(-\Omega)\|\bar{e}(t)\|^2-\dfrac{1}{\mu}l_f^2\leqslant\kappa_2\|\bar{e}(t)\|^2 \tag{3.32}$$

存在 $\kappa_3>0$ 使得 $\|[-\bar{H}K+\varepsilon\bar{J}\bar{J}^{\mathrm{T}}\quad P_3\bar{J}]\|\|\zeta(t)\|\leqslant\kappa_3\|\bar{e}(t)\|$, 于是

$$\begin{aligned}
\dot{\Phi}&(t)-\gamma\mathcal{V}_g^{\mathrm{T}}(t)\mathcal{V}_g(t)\\
<&-\kappa_1\|\bar{x}(t)\|^2-\epsilon\kappa_2\|\bar{e}(t)\|^2+2\kappa_3\|\bar{x}(t)\|\|\bar{e}(t)\|\\
=&-\epsilon\kappa_2\left(\|\bar{e}(t)\|^2-\frac{2\kappa_3}{\epsilon\kappa_2}\|\bar{x}(t)\|\|\bar{e}(t)\|\right.\\
&\left.+\frac{\kappa_3^2}{\epsilon^2\kappa_2^2}\|\bar{x}(t)\|^2\right)+\frac{\kappa_3^2}{\epsilon\kappa_2}\|\bar{x}(t)\|^2-\kappa_1\|\bar{x}(t)\|^2\\
<&-\frac{1}{\epsilon\kappa_2}(\epsilon\kappa_1\kappa_2-\kappa_3^2)\|\bar{x}(t)\|^2
\end{aligned} \tag{3.33}$$

当 $\epsilon\kappa_1\kappa_2>\kappa_3^2$ 时, 有 $\dot{\Phi}(t)-\gamma\mathcal{V}_g^{\mathrm{T}}(t)\mathcal{V}_g(t)<0$。于是, 有

$$\dot{\Phi}(t)<-\kappa\|\bar{x}(t)\|^2+\gamma\|\mathcal{V}_g(t)\|^2 \tag{3.34}$$

其中, $\kappa=\dfrac{1}{\epsilon\kappa_2}(\epsilon\kappa_1\kappa_2-\kappa_3^2)$。如果 $\|\bar{x}(t)\|>\sqrt{\dfrac{\gamma}{\kappa}}\|\mathcal{V}_g(t)\|$ 成立, 则 $\dot{\Phi}(t)<0$, 意味着 $\bar{x}(t)$ 满足 $\|\bar{x}(t)\|\leqslant\max\left\{\|\bar{x}(0)\|,\sqrt{\dfrac{\gamma}{\kappa}}\|\mathcal{V}_g(t)\|\right\}$。于是, $\lim\limits_{t\to\infty}(\mathcal{V}(t)-\mathcal{V}_g(t))=0$
成立, 可见 $\mathcal{V}(t)$ 收敛于 $\mathcal{V}_g(t)$。证毕。

在定理 3.2 中控制器增益 K 无法直接求得，下面定理提供了控制器增益 K 的一种可行解。

定理 3.3 给定常数 λ_3 和 $\gamma > 0$，如果存在常数 $\kappa_4 > 0$、矩阵 Q_1 和 W_1 满足如下不等式：

$$\Delta_3 = \begin{bmatrix} \Sigma_3 & \bar{G} & M & Q_1 U^{\mathrm{T}} & Q_1 \\ * & -\dfrac{1}{\lambda_3^2}I & 0 & 0 & 0 \\ * & * & -\gamma I & 0 & 0 \\ * & * & * & -\lambda_3^2 I & 0 \\ * & * & * & * & -\kappa_4 I \end{bmatrix} < 0 \qquad (3.35)$$

$$EQ_1 = Q_1 E \geqslant 0 \qquad (3.36)$$

则系统 (3.25) 是稳定的且增益 $K = W_1 Q_1^{-1}$，而且权动态 $\mathcal{V}(t)$ 可以收敛于期望权值 $\mathcal{V}_g(t)$，其中 $\Sigma_3 = \bar{A}Q_1 + Q_1\bar{A}^{\mathrm{T}} + \bar{H}W_1 + W_1^{\mathrm{T}}\bar{H}^{\mathrm{T}}$。

证明 令 $\Theta = \mathrm{diag}\{P_3^{-1}, I, I\}$，$\Theta$ 左乘 Θ^{T}、右乘 Δ_1 得到

$$\Delta_4 = \begin{bmatrix} \Sigma_4 & \bar{G} & M \\ * & -\dfrac{1}{\lambda_3^2}I & 0 \\ * & * & -\gamma I \end{bmatrix} < 0 \qquad (3.37)$$

其中，$\Sigma_4 = \bar{A}Q_1 + Q_1\bar{A}^{\mathrm{T}} + \bar{H}W_1 + W_1\bar{H}^{\mathrm{T}} + \dfrac{1}{\lambda_3^2}Q_1 U^{\mathrm{T}} U Q_1 + Q(\kappa_1 I)Q$；$\kappa_4 = \dfrac{1}{\kappa_1} > 0$；$Q_1 = P_3^{-1}$。同时，在式 (3.37) 两边左乘、右乘 P_3^{-1}，根据 Schur 补引理，$\Delta_4 < 0$ 等价于 $\Delta_3 < 0$。证毕。

3.4 仿真研究

假设输出 PDF 近似描述为

$$\sqrt{\psi(y, u(t))} = \sum_{i=1}^{3} v_i(u(t)) w_i(y)$$

其中，y 定义在 $[0, 1.5]$ 且

$$w_i(y) = \begin{cases} |\sin(2\pi y)|, & y \in [0.5(i-1), 0.5i] \\ 0, & y \in [0.5(j-1), 0.5j], \ i \neq j \end{cases}$$

其中，$j = 1, 2, 3$。此外，

$$\Xi_0 = \begin{bmatrix} \dfrac{1}{16} & 0 \\ 0 & \dfrac{1}{16} \end{bmatrix}, \quad \Xi_1 = \begin{bmatrix} \dfrac{1}{4} & 0 \\ 0 & \dfrac{1}{4} \end{bmatrix}$$

$$\Xi_2 = \begin{bmatrix} 0 & 0 \end{bmatrix}$$

$$\Xi_3 = 0.25$$

图 3.1 和图 3.2 是残差、故障及其估计的响应曲线。图 3.3 是权动态响应曲线。图 3.4 和图 3.5 是控制输入和故障容错控制下输出 PDF 的三维响应。

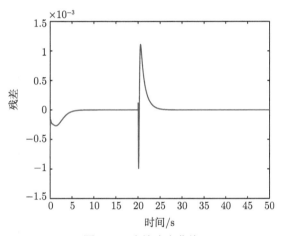

图 3.1　残差响应曲线

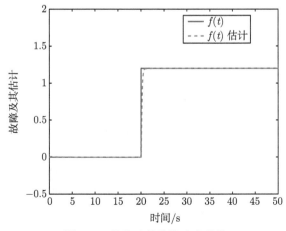

图 3.2　故障及其估计响应曲线

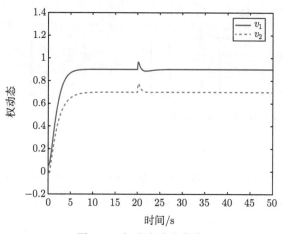

图 3.3　权动态响应曲线

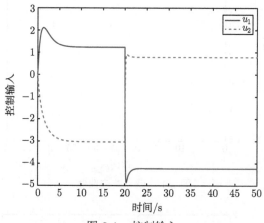

图 3.4　控制输入

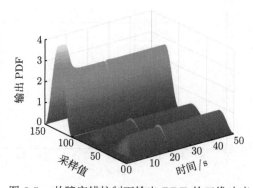

图 3.5　故障容错控制下输出 PDF 的三维响应

权动态系统 (3.4) 的参数矩阵如下：

$$\mathcal{A} = \left[\begin{array}{cc} -0.5 & 0.3 \\ 0 & -1.3 \end{array} \right], \quad \mathcal{H} = \left[\begin{array}{cc} 0.2 & 0 \\ 0 & -0.3 \end{array} \right], \quad \mathcal{G} = \left[\begin{array}{cc} 0 & 0 \\ 0 & 0.1 \end{array} \right]$$

$$\mathcal{E} = \left[\begin{array}{cc} 1 & 0 \\ 0 & 1 \end{array} \right], \quad \mathcal{J} = \left[\begin{array}{c} 0.9 \\ 0.9 \end{array} \right]$$

$$U_1 = [1 \quad 1], \quad U_2 = \mathrm{diag}\{0, 0.5\}$$

故障 $f(t)$ 满足如下形式：

$$f(t) = \left\{ \begin{array}{ll} 0, & t < 20\mathrm{s} \\ 1.2, & t \geqslant 20\mathrm{s} \end{array} \right.$$

当 $\sigma(z) = 1$ 时，可知 $\Gamma_1 = \left[\dfrac{1}{\pi}, \dfrac{1}{\pi} \right]$，$\Gamma_2 = \dfrac{1}{\pi}$。系统的初始值为 $x(0) = [0.1, -0.1]$、$\hat{x}(0) = [0, 0]$ 且 $\lambda_1 = 1$、$\lambda_2 = 1$、$\mu = 1$、$\varepsilon = 3$，求得各增益为

$$P_1 = \left[\begin{array}{cc} 0.7469 & -0.8960 \\ -0.8960 & 1.2071 \end{array} \right], \quad P_2 = 0.0166$$

$$R = \left[\begin{array}{c} 3.3936 \\ 2.8117 \end{array} \right], \quad L = \left[\begin{array}{c} 67.0578 \\ 52.1089 \end{array} \right]$$

期望的权值 $\mathcal{V}_g(t) = [0.9, 0.7]^{\mathrm{T}}$。根据定理 3.3，广义 PID 型控制器增益 K 为

$$k_d = \left[\begin{array}{cc} -8.9349 & -0.2572 \\ -0.1815 & 6.7392 \end{array} \right]$$

$$k_p = \left[\begin{array}{cc} -26.9193 & -1.8825 \\ -0.2245 & 22.6107 \end{array} \right]$$

$$k_i = \left[\begin{array}{cc} -15.2995 & -0.2020 \\ -0.1489 & 12.5115 \end{array} \right]$$

当故障 $f(t)$ 发生时，考虑如下两种类型的故障。

类型 1：正弦故障

$$f(t) = \left\{ \begin{array}{ll} 0, & t < 20\mathrm{s} \\ 0.8\sin(0.5t), & t \geqslant 20\mathrm{s} \end{array} \right.$$

类型 2：斜坡故障

$$f(t) = \begin{cases} 0, & t < 10\mathrm{s} \\ 0.1(t-10), & 10\mathrm{s} \leqslant t < 25\mathrm{s} \\ 1.5 - 0.06(t-25), & 25\mathrm{s} \leqslant t < 50\mathrm{s} \end{cases}$$

图 3.6为正弦故障发生时的故障曲线及其估计曲线，图 3.7 为斜坡故障发生时的故障曲线及其估计曲线。由此可见本章所设计方法能准确估计未知故障信息。

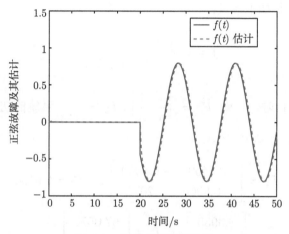

图 3.6　正弦故障及其估计

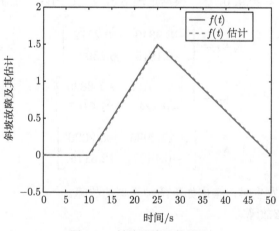

图 3.7　斜坡故障及其估计

3.5　本章小结

本章利用输出 PDF 建立了一种新型中间观测器。在此框架下，提出了一种基于中间观测器的广义 PID 型控制器。在设计过程中，消除了故障有界限制和观测器匹配条件限制。仿真结果验证了本章所提出方法的优越性。

第 4 章　执行器部分失效的随机分布系统输出形状跟踪自适应主动容错控制

本章研究随机分布系统的自适应容错形状跟踪控制问题。当系统发生执行器故障时，其控制的主要目标是在有故障的情况下实现自适应容错形状控制，使得输出 PDF 可以跟踪给定的目标形状。在此框架下，本章提出一种基于执行器部分失效因子在线估计的容错形状控制设计方法，设计包括常规的控制律和自适应补偿控制律。前者可以在没有故障时跟踪具有优化指标的给定输出分布，而后者可以降低甚至消除故障对给定分布形状的影响。最后，通过数值仿真验证该方法的有效性。

4.1　引　　言

在随机分布系统的相关研究中，大部分的形状控制算法使用 B 样条逼近来建立控制输入和输出形状之间的动态关系模型，从而将问题简化为含 B 样条模型中有限权值的跟踪控制问题。使用不同的 B 样条近似，可以得到不同类型的模型：线性 B 样条模型[17,67]、平方根 B 样条模型[44,49] 和有理平方根 B 样条模型[17]。需要指出的是，在前两种建模方法中，由于非负性和内在积分条件的约束，权重是相互依赖的。但有理平方根 B 样条可以满足这些条件，而且每个权重相互独立[67]。因此，学者对基于有理平方根 B 样条的形状控制问题有着极大的兴趣[53]。

近年来，容错控制研究引起了人们的广泛关注和研究[55-58,68]。根据控制器是否需要重新配置，容错控制方法可以分为主动容错控制方法和被动容错控制方法[54,69]。正如第 2 章所述，被动容错控制方法[55,57] 的优势之一在于不需要故障诊断/辨识方案，控制器相对容易实现。然而，被动容错控制设计一般要求在系统中存在硬件冗余。进一步，随着可能的故障数量的增多，被动容错控制设计相对保守。与被动容错控制设计相比，主动容错控制设计包含了故障识别/诊断环节，可以为控制器提供故障信息，具有较强的容错能力和较少的硬件设计，因此这种设计在实用性上更可取。遗憾的是，在现有研究[56,58,68,69] 中，上述形式控制的工作较少，值得进一步研究。

本章针对随机分布系统提出一种主动容错形状控制方法。与传统控制问题不同的是，控制器设计的可用信息包括系统输出 PDF。主动容错形状控制方法的设计主要包括两个步骤。第一，采用有理平方根 B 样条来近似输出概率密度函数或分布形状，使非高斯随机系统转换为权动态系统；第二，针对权动态系统，建立基于在线故障估计和控制补偿的主动容错形状控制策略。该控制策略包括两部分：标称的形状控制器设计和自适应补偿控制器设计。前者可以跟踪保证性价比指标的给定输出 PDF 或输出分布形状，而后者是在故障发生时，降低其对给定形状的影响。值得注意的是，一些文献报道了主动容错形状控制设计的结果。在文献 [50] 中，针对奇异随机分布系统，基于迭代学习的观测器，提出了一种容错控制方案。在文献 [70] 中，针对随机分布系统，提出了一种基于神经网络观测器的容错控制算法，并实现了 PI 控制器的重构方案，从而实现容错。与这些现有的研究成果相比，本章工作旨在提供一个简单而有效的容错控制方案来处理执行机构故障。所提出的主动容错形状控制设计中加入简单的故障估计方案，为控制器提供执行器故障的在线估计，实现自主控制的重新配置，没有单独的故障检测/诊断观测器机制。此外，在正常情况下，本章提出的主动容错形状控制能保证优化的控制性能指标。

4.2　问 题 描 述

4.2.1　分布近似

针对一个随机动态系统，$u(t)$ 为控制输入，$\eta(t) \in [a, b]$ 为有界输出。有界输出 $\eta(t)$ 在区间 $[a, \sigma](a \leqslant \sigma \leqslant b)$ 的概率密度函数定义为

$$P(a \leqslant \eta(t) \leqslant \sigma | u(t)) = \int_a^\sigma \psi_{\eta|u}(y, t) \mathrm{d}y \tag{4.1}$$

其中，$\psi_{\eta|u}(y, t)$ 是有界输出 $\eta(t)$ 的概率密度函数；y 是概率密度函数的变量。需要指出的是，输出概率密度函数的形状可由输入进行控制[47,48]。为了简化起见，用 $\psi_u(y)$ 表示 $\psi_{\eta|u}(y, t)$，同时表明 PDF 与输入是相关的。

假设输出 PDF $\psi_u(y)$ 是可测量的、连续的且有界的，见文献 [17]、[45] 和 [53]，在实际工程应用中，可以通过使用适当的仪器在线测量输出变量的分布。例如，在土木工程中，通常采用比较传统的筛分方法确定土壤颗粒大小，采用比较先进的激光衍射和光散射方法进行粒度分析。此外，光谱测量经常用于确定化学加工中的浓度或粒度分布。类似于第 2 章的方法，采用有理平方根 B 样条模型[51,53] 来近似 PDF，得到

$$\sqrt{\psi_u(y)} = \frac{\displaystyle\sum_{i=1}^n v_i C_i(y)}{\sqrt{\displaystyle\sum_{i=1, j=1}^n v_i v_j \int_a^b C_i(y) C_j(y) \mathrm{d}y}}$$

$$= \frac{C(y)v}{\sqrt{v^{\mathrm{T}}Lv}}, \quad \forall y \in [a, b] \tag{4.2}$$

其中，$C(y) = [C_1(y), \cdots, C_n(y)]$；$C_i(y) \geqslant 0$ 表示预先选取的独立基函数向量；$L = \displaystyle\int_a^b C^{\mathrm{T}}(y)C(y)\mathrm{d}y$；$v = [v_1, \cdots, v_n]^{\mathrm{T}}$，$v \neq 0$ 且 $v_i \ (i = 1, 2, \cdots, n)$ 表示独立权变量。在形状跟踪问题中，这些权变量只是"虚构的"变量，主要用于计算得到期望的 PDF，没有任何实际物理意义。这些权值会及时更新，因此用 $v_i(t)$ 表示，用于计算控制律和可测形状。

4.2.2 系统模型和执行器故障建模

本章采用以下模型来描述 $u(t)$ 和 $v(t)$ 之间的关系：

$$\begin{cases} \dot{x}(t) = Ax(t) + Gg(x(t)) + Bu(t) \\ v(t) = Ex(t) \end{cases} \tag{4.3}$$

其中，$x(t)$ 是可测状态变量；A、G、B 和 E 是已知矩阵。假设非线性函数 $g(x(t))$ 满足式 (2.3)，则含执行器的部分失效动态系统模型可以描述为

$$\begin{cases} \dot{x}(t) = Ax(t) + Gg(x(t)) + B\Omega u(t) \\ v(t) = Ex(t) \\ \sqrt{\psi_u(y, t)} = \dfrac{C(y)v(t)}{\sqrt{v^{\mathrm{T}}(t)Lv(t)}} \end{cases} \tag{4.4}$$

失效因子矩阵 Ω 描述为以下对角矩阵[68,70]：

$$\begin{cases} \Omega = \mathrm{diag}\{\Omega_1, \Omega_2, \cdots, \Omega_m\} \\ \Omega_i \in [\underline{\Omega}_i, \overline{\Omega}_i], \quad 0 \leqslant \underline{\Omega}_i \leqslant \overline{\Omega}_i \leqslant 1, \ i = 1, 2, \cdots, m \end{cases} \tag{4.5}$$

其中，m 是输入的个数；Ω_i 是未知常数；$\underline{\Omega}_i$、$\overline{\Omega}_i$ 分别是 Ω_i 的已知下、上界。需要指出的是，当 $\underline{\Omega}_i = \overline{\Omega}_i = 1$ 时，则第 i 个执行器未发生故障；$0 < \Omega_i < 1$ 表示部分失效情况；$\Omega_i = 0$ 表示第 i 个执行器发生故障。

注解 4.1 本章考虑的故障类型会影响一个或多个执行器的控制效能。例如，考虑有两个输入的系统：

$$B\Omega u(t) = [\bar{b}_1, \bar{b}_2]\,\mathrm{diag}\{\Omega_1, \Omega_2\}\begin{bmatrix} u_1(t) \\ u_2(t) \end{bmatrix}$$

$$= \bar{b}_1\Omega_1 u_1(t) + \bar{b}_2\Omega_2 u_2(t)$$

可以清楚地看到, 对于本章所考虑的执行器故障, 失效因子矩阵 Ω 是一个对角矩阵. 当 $\Omega = I$ 时, 表示无故障情形, 可以描述以下几种故障情况:

(1) 每次只有一个 Ω_i 变化, 意味着只有一个执行器发生故障;

(2) 一个故障影响到不同的执行器, 例如, 当多个执行器同时发生故障时, 这种情况被建模为多个因子 Ω_i 同时变化, 并且这些变化可以是相同的或不同的.

注解 4.2　当 Ω 不是对角阵, 如 $\Omega = \begin{bmatrix} \Omega_1 & \Omega_{12} \\ 0 & \Omega_2 \end{bmatrix}$ 时, 可以得到

$$B\Omega u(t) = \bar{b}_1 \Omega_1 u_1(t) + (\bar{b}_1 \Omega_{12} + \bar{b}_2 \Omega_2) u_2(t)$$

在无故障时, 通过执行器控制输入影响系统, $Bu(t) = \bar{b}_1 u_1(t) + \bar{b}_2 u_2(t)$. 比较两个表达式可以发现, 当故障改变了执行器通道的一些物理特性或结构特性时, 会出现非对称矩阵 Ω. 因此, 这些通道就会变成 "耦合" 的, 本章一般不考虑这种类型的故障.

注解 4.3　对于模型 (4.4), 矩阵 B 存在的不确定性可以得到抑制. 例如, 在矩阵 B 中描述建模误差为

$$\begin{cases} \dot{x}(t) = Ax(t) + Gg(x(t)) + B\delta u(t) \\ v(t) = Ex(t) \end{cases}$$

其中, 不确定性为 $\delta = \text{diag}\{\delta_1, \delta_2, \cdots, \delta_m\}$, $0 < \underline{\delta}_i \leqslant \delta_i \leqslant \overline{\delta}_i$. 其可以转换为范数有界的干扰, 如

$$\delta = \delta^0(I + L)$$

其中, $\delta^0 = \text{diag}\{\delta_1^0, \delta_2^0, \cdots, \delta_m^0\}$; $L = \text{diag}\{l_1, l_2, \cdots, l_m\}$.

$$\delta_i^0 = \frac{1}{2}(\underline{\delta}_i + \overline{\delta}_i), \quad l_i = \frac{\delta_i - \delta_i^0}{\delta_i^0}, \quad i = 1, 2, \cdots, m$$

其中, 不确定因子为 $|l_i| \leqslant 1$. 范数有界不确定项可以与失效因子结合得到 $B\delta\Omega = B(2\delta^0)\left(\dfrac{I+L}{2}\Omega\right) = B_{\text{new}}\Omega_{\text{new}}$. 在这种情况下, 所提出的基于失效因子估计的自适应容错控制方案可以有效抑制上述两项干扰.

4.2.3　控制目标

本章期望的 PDF 描述为

$$\sqrt{\psi^*(y,t)} = \frac{C(y)v_g(t)}{\sqrt{v_g^{\mathrm{T}}(t)Lv_g(t)}}, \quad \forall y \in [a,b] \tag{4.6}$$

其中，$v_g(t)$ 是关于 $C(y)$ 的加权因子。自适应控制方案的目的就是设计控制输入 $u(t)$ 使得 $\psi_u(y,t)$ 跟随 $\psi^*(y,t)$。若 $v_e(t) = v(t) - v_g(t) \longrightarrow 0$，则 $\sqrt{\psi_u(y,t)} - \sqrt{\psi^*(y,t)} \longrightarrow 0$。基于输出 PDF 的容错形状跟踪控制问题可以描述为：即使执行器发生故障，$v(t)$ 也能跟踪给定的 $v_g(t)$。因此，本章工作的主要设计目标有以下两方面：

(1) 在正常运行过程中，闭环系统是渐近稳定的，即动态权值 $v(t)$ 跟踪期望权值 $v_g(t)$，可描述为

$$\lim_{t\to\infty} v_e(t) = \lim_{t\to\infty} (v(t) - v_g(t)) = 0 \tag{4.7}$$

此外，对于给定的矩阵 $Z_1 > 0$、$Z_2 > 0$ 和 $R > 0$，控制器通过最小化以下代价函数的上界来实现优化性能：

$$J_t = \int_0^\infty \left(\xi^{\mathrm{T}}(t)Z_1\xi(t) + x^{\mathrm{T}}(t)Z_2 x(t) + u^{\mathrm{T}}(t)Ru(t) \right) \mathrm{d}t \tag{4.8}$$

和 $\xi(t) = \displaystyle\int_0^t \left(v(\tau) - v_g(\tau) \right) \mathrm{d}\tau$。

(2) 在执行机构故障的情况下，闭环系统是稳定的，所需的动态权值 $v(t)$ 无静差地跟踪期望权值。

4.3　主要结果

本节首先针对标称系统设计具有最优控制性能的形状跟踪控制器，然后设计自适应控制补偿律，将其添加到标称控制律中以降低故障对系统的影响，从而保持期望的跟踪。需要指出的是，在提出的容错形状控制中，没有单独的故障检测方案，而是在整个运行过程中对执行器的控制效果进行估计和监测，并据此计算自适应故障补偿控制律。本章提出的容错形状控制包含一个动态故障参数估计器，这与现存的文献 [51] 和 [53] 不同。

4.3.1　无故障形状最优跟踪控制

令 $\bar{x}(t) = [\xi^{\mathrm{T}}(t), x^{\mathrm{T}}(t)]^{\mathrm{T}}$，得到以下增广系统：

$$\dot{\bar{x}}(t) = \bar{A}\bar{x}(t) + \bar{G}g(\bar{x}(t)) + \bar{B}\Omega u(t) + \bar{H}v_g(t) \tag{4.9}$$

其中，

$$\bar{A} = \begin{bmatrix} 0 & E \\ 0 & A \end{bmatrix}, \quad \bar{G} = \begin{bmatrix} 0 \\ G \end{bmatrix}, \quad \bar{B} = \begin{bmatrix} 0 \\ B \end{bmatrix}, \quad \bar{H} = \begin{bmatrix} -I \\ 0 \end{bmatrix}$$

假设 $(\bar{A}, \bar{B})$ 是稳定的，实际上，当 (A, B) 是可控的且

$$
\begin{bmatrix}
E & 0 \\
A & B
\end{bmatrix}
$$

满秩时，不难证明增广系统的可控性。

在无故障时，增广系统 (4.9) 中失效因子为 $\Omega = I$。应该指出的是，由于 $\xi(t)$ 是可计算的且可测量的，所以增广状态向量 $\bar{x}(t)$ 是可利用的。状态反馈控制器设计为

$$
u_N(t) = K_N \bar{x}(t) - \bar{B}^{\mathrm{T}}(\bar{B}\bar{B}^{\mathrm{T}})^{\dagger} \bar{G} g(\bar{x}(t)) \tag{4.10}
$$

其中，K_N 为控制增益。那么，增广系统 (4.9) 的闭环增广模型描述为

$$
\dot{\bar{x}}(t) = (\bar{A} + \bar{B}K_N)\bar{x}(t) + \bar{H}v_g(t) \tag{4.11}
$$

闭环系统 (4.11) 保持性能稳定的条件描述如下。

定理 4.1　给定常数 $\gamma > 0$、矩阵 $Z = \mathrm{diag}\{Z_1, Z_2\} > 0$、$R > 0$，如果存在常数 $\kappa > 0$、矩阵 $P > 0$、非奇异矩阵 $\varGamma_2$ 和任意矩阵 $\varGamma_1$，使得以下不等式成立：

$$
\Omega = \begin{bmatrix}
\bar{\Omega} & P - \varGamma_1^{\mathrm{T}} + (\bar{A} + \bar{B}K_N)^{\mathrm{T}}\varGamma_2 & \varGamma_1^{\mathrm{T}}\bar{H} \\
* & -\varGamma_2 - \varGamma_2^{\mathrm{T}} & \varGamma_2^{\mathrm{T}}\bar{H} \\
* & * & -\varGamma I
\end{bmatrix} < 0 \tag{4.12}
$$

其中，$\bar{\Omega} = \varGamma_1^{\mathrm{T}}(\bar{A} + \bar{B}K_N) + (\bar{A} + \bar{B}K_N)^{\mathrm{T}}\varGamma_1 + Z + K_N^{\mathrm{T}}RK_N + \kappa I$，则闭环系统 (4.11) 是稳定的，$v(t)$ 收敛于期望的权值 $v_g(t)$ 且性能指标 (4.8) 满足

$$
J_t \leqslant \bar{x}^{\mathrm{T}}(0)P\bar{x}(0) + \gamma \int_0^{\infty} v_g^{\mathrm{T}}(t)v_g(t)\mathrm{d}t \tag{4.13}
$$

证明　首先证明闭环系统 (4.11) 的状态是有界的。选取李雅普诺夫函数 $V(\bar{x}(t)) = \bar{x}^{\mathrm{T}}(t)P\bar{x}(t)$，对于任意适当维数的矩阵 $\varGamma_1$ 和可逆矩阵 $\varGamma_2$，得到

$$
\left(\bar{x}^{\mathrm{T}}(t)\varGamma_1^{\mathrm{T}} + \dot{\bar{x}}^{\mathrm{T}}(t)\varGamma_2^{\mathrm{T}}\right)\left[-\dot{\bar{x}}(t) + (\bar{A} + \bar{B}K_N)\bar{x}(t) + \bar{H}v_g(t)\right] = 0 \tag{4.14}
$$

沿闭环系统 (4.11) 对 $V(\bar{x}(t))$ 进行关于时间 t 的求导，得到

$$
\dot{V}(\bar{x}(t)) - \gamma v_g^{\mathrm{T}}(t)v_g(t)
$$
$$
= 2\bar{x}^{\mathrm{T}}(t)P\dot{\bar{x}}(t) + 2\left(\bar{x}^{\mathrm{T}}(t)\varGamma_1^{\mathrm{T}} + \dot{\bar{x}}^{\mathrm{T}}(t)\varGamma_2^{\mathrm{T}}\right)
$$

$$\times \left[-\dot{\bar{x}}(t) + (\bar{A} + \bar{B}K_N)\bar{x}(t) + \bar{H}v_g(t)\right] - \gamma v_g^{\mathrm{T}}(t)v_g(t)$$

$$= \vartheta^{\mathrm{T}}(t)\Omega_1\vartheta(t) \tag{4.15}$$

其中，$\vartheta(t) = [\bar{x}^{\mathrm{T}}(t),\ \dot{\bar{x}}^{\mathrm{T}}(t),\ v_g^{\mathrm{T}}(t)]^{\mathrm{T}}$。对于任意 $\vartheta(t) \neq 0$，若式 (4.12) 成立，则得到

$$\dot{V}(\bar{x}(t)) - \gamma v_g^{\mathrm{T}}(t)v_g(t) < -\kappa\|\bar{x}(t)\|^2 \tag{4.16}$$

因此

$$\dot{V}(\bar{x}(t)) < -\kappa\|\bar{x}(t)\|^2 + \gamma\|v_g(t)\|^2 \tag{4.17}$$

若 $\|\bar{x}(t)\| > \sqrt{\dfrac{\gamma}{\kappa}}\|v_g(t)\|$ 成立，则 $\dot{V}(\bar{x}(t)) < 0$。这表明 $\|\bar{x}(t)\|$ 满足

$$\|\bar{x}(t)\| \leqslant \max\left\{\|\bar{x}(0)\|,\ \sqrt{\dfrac{\gamma}{\kappa}}\|v_g(t)\|\right\}$$

其次证明对于任意 $v_g(t)$，闭环系统 (4.11) 只有唯一平衡点。对于固定初始条件和输入 $v_g(t)$，假设 $\bar{x}_1(t)$、$\bar{x}_2(t)$ 分别是闭环系统 (4.11) 的两个轨迹，则动态 $\epsilon(t) = \bar{x}_1(t) - \bar{x}_2(t)$ 可描述为

$$\dot{\epsilon}(t) = (\bar{A} + \bar{B}K_N)\epsilon(t) \tag{4.18}$$

初始条件 $\epsilon(t) = 0$。通过使用李雅普诺夫函数 $V(\epsilon(t)) = \epsilon^{\mathrm{T}}(t)P\epsilon(t)$ 得到 $\dot{V}(\epsilon(t)) = \vartheta_1^{\mathrm{T}}(t)\Omega_2\vartheta_1(t)$，其中 $\vartheta_1(t) = [\epsilon^{\mathrm{T}}(t),\ \dot{\epsilon}^{\mathrm{T}}(t)]^{\mathrm{T}}$ 和

$$\Omega_2 = \begin{bmatrix} \Gamma_1^{\mathrm{T}}(\bar{A} + \bar{B}K_N) + (\bar{A} + \bar{B}K_N)^{\mathrm{T}}\Gamma_1 & P - \Gamma_1^{\mathrm{T}} + (\bar{A} + \bar{B}K_N)^{\mathrm{T}}\Gamma_2 \\ * & -\Gamma_2 - \Gamma_2^{\mathrm{T}} \end{bmatrix}$$

从式 (4.12) 得到 $\dot{V}(\epsilon(t)) < -\kappa\|\epsilon(t)\|^2$，可知 $\epsilon = 0$ 是闭环系统 (4.11) 唯一渐近稳定平衡点。这意味着，闭环系统 (4.11) 有唯一稳定轨迹。于是，$\lim\limits_{t\to\infty}\xi = \xi_e$、$\lim\limits_{t\to\infty}\dot{\xi} = 0$，其中 ξ_e 是 ξ 的平衡点。因此，$\lim\limits_{t\to\infty}(v(\tau) - v_g(\tau)) = 0$ 成立，表明 $v(t)$ 能收敛于期望权值 $v_g(t)$。

最后，需要证明系统的跟踪性能。

$$\dot{V}(t) + \bar{x}^{\mathrm{T}}(t)Z\bar{x}(t) + u^{\mathrm{T}}(t)Ru(t) - \gamma v_g^{\mathrm{T}}(t)v_g(t)$$

$$= 2\bar{x}^{\mathrm{T}}(t)P\dot{\bar{x}}(t) + \bar{x}^{\mathrm{T}}(t)Z\bar{x}(t) + u^{\mathrm{T}}(t)Ru(t)$$

$$
\begin{aligned}
&+ 2\left(\bar{x}^{\mathrm{T}}(t)\varGamma_1^{\mathrm{T}} + \dot{\bar{x}}^{\mathrm{T}}(t)\varGamma_2^{\mathrm{T}}\right)\left[-\dot{\bar{x}}(t) + (\bar{A} + \bar{B}_f K_N)\bar{x}(t)\right.\\
&\left.+ \bar{H}v_g(t)\right] - \gamma v_g^{\mathrm{T}}(t)v_g(t)\\
&= \vartheta^{\mathrm{T}}(t)\varOmega\vartheta(t) \tag{4.19}
\end{aligned}
$$

若式 (4.12) 成立，则得到

$$
\dot{V}(\bar{x}(t)) + \bar{x}^{\mathrm{T}}(t)Z\bar{x}(t) + u^{\mathrm{T}}(t)Ru(t) - \gamma v_g^{\mathrm{T}}(t)v_g(t) < 0 \tag{4.20}
$$

从时间 $t = 0$ 到 $t = \infty$ 对式 (4.8) 两边积分得到

$$
\begin{aligned}
J_t &= \int_0^\infty \left(\xi^{\mathrm{T}}(t)Z_1\xi(t) + x^{\mathrm{T}}(t)Z_2 x(t) + u^{\mathrm{T}}(t)Ru(t)\right)\mathrm{d}t\\
&\leqslant -\int_0^\infty \dot{V}(\bar{x}(t))\mathrm{d}t + \gamma\int_0^\infty v_g^{\mathrm{T}}(t)v_g(t)\mathrm{d}t\\
&\leqslant \bar{x}^{\mathrm{T}}(0)P\bar{x}(0) + \gamma\int_0^\infty v_g^{\mathrm{T}}(t)v_g(t)\mathrm{d}t \tag{4.21}
\end{aligned}
$$

证毕。

需要注意的是，式 (4.15) 对于任意矩阵 $\varGamma_1$ 和 $\varGamma_2$ 都是成立的。然而，为了设计更简单的跟踪控制器，假设 $\varGamma_2$ 是可逆的。定理 4.1 给出了关于稳定性和输出 PDF 跟踪性能的一个充分条件，但这个充分条件不能直接用于获得控制器增益 K_N。为了得到控制器增益的可行线性矩阵不等式条件，采用等价变换和优化方法得到最优跟踪控制器，设计如下。

定理 4.2　对于闭环系统 (4.11) 和成本函数 (4.13)，给定常数 $\gamma > 0$、矩阵 $Z = \mathrm{diag}\{Z_1, Z_2\} > 0$、$R > 0$，以下优化问题存在解：

$$
\min_{\kappa, V_1, V_2, V_3, Z, R, W_1} \mathrm{trace}(T_1) \tag{4.22}
$$

满足线性矩阵不等式

$$
\begin{bmatrix}
V_2^{\mathrm{T}} + V_2 & V_3 + V_1^{\mathrm{T}}\bar{A}^{\mathrm{T}} + W_1^{\mathrm{T}}\bar{B}^{\mathrm{T}} - V_2^{\mathrm{T}}\\
* & -V_3^{\mathrm{T}} - V_3\\
* & *\\
* & *\\
* & *\\
* & *
\end{bmatrix}
$$

$$\begin{bmatrix} 0 & V_1^{\mathrm{T}} & W_1^{\mathrm{T}} & V_1^{\mathrm{T}} \\ H & 0 & 0 & 0 \\ -\gamma I & 0 & 0 & 0 \\ * & -Z^{-1} & 0 & 0 \\ * & * & -R^{-1} & 0 \\ * & * & * & -\kappa I \end{bmatrix} < 0 \tag{4.23}$$

$$\begin{bmatrix} T_1 & I \\ I & V_1 \end{bmatrix} > 0 \tag{4.24}$$

存在常数 $\kappa > 0$，矩阵 $V_1 > 0$，非奇异矩阵 V_3 和任意矩阵 V_2、W_1，那么 $K_N = W_1 V_1^{-1}$ 是最优控制器增益。对于闭环系统 (4.11)，保证性能指标 (4.13) 最小。

证明　假设不等式 (4.12) 成立，令

$$\Xi = \begin{bmatrix} P & 0 & 0 \\ \Gamma_1 & \Gamma_2 & 0 \\ 0 & 0 & I \end{bmatrix}$$

式 (4.12) 中的 P、Γ_2 是可逆矩阵，则 Ξ 是可逆的。在式 (4.12) 两边左乘 $\Xi^{-\mathrm{T}}$、右乘 Ξ^{-1}，以下不等式成立：

$$\begin{bmatrix} V_2^{\mathrm{T}} + V_2 + V_1^{\mathrm{T}}(Z + K_N^{\mathrm{T}} R K_N + \kappa I) V_1 \\ * \\ * \end{bmatrix}$$

$$\left. \begin{matrix} V_3 + V_1^{\mathrm{T}}(\bar{A} + \bar{B} K_N)^{\mathrm{T}} - V_2^{\mathrm{T}} & 0 \\ -V_3^{\mathrm{T}} - V_3 & H \\ * & -\gamma I \end{matrix} \right] < 0 \tag{4.25}$$

其中，$V_1 = P^{-1}$；$V_2 = \Gamma_2^{-1} \Gamma_1 P^{-1}$；$V_3 = \Gamma_2^{-1}$；$K_N = W_1 V_1^{-1}$。针对式 (4.25) 应用舒尔补引理，不等式 (4.23) 成立且性能指标 (4.13) 写为

$$J_t \leqslant \bar{x}^{\mathrm{T}}(0) V_1^{-1} \bar{x}(0) + \gamma \int_0^\infty v_g^{\mathrm{T}}(t) v_g(t) \mathrm{d}t \tag{4.26}$$

由式 (4.24) 得到 $V_1^{-1} < T_1$，可保证迹 T_1 最小。借助定理 4.1，闭环系统的稳定性得证。证毕。

4.3.2　基于执行器故障补偿的容错形状控制

本节考虑执行器故障，设计自适应故障补偿控制律 $u_{\mathrm{ad}}(t)$，该项可以加到标称控制律 $u_N(t) = K_N \bar{x}(t) - \bar{B}^{\mathrm{T}}(\bar{B}\bar{B}^{\mathrm{T}})^{\dagger}\bar{G}g(\bar{x}(t))$，从而消除故障对系统的影响，即

$$u(t) = u_N(t) + u_{\mathrm{ad}}(t) \tag{4.27}$$

对于补偿控制律，$u_{\mathrm{ad}}(t) = 0$ 表示正常情况，$u_{\mathrm{ad}}(t) \neq 0$ 表示故障情况。为了在线估计失效因子，引入如下目标模型：

$$\begin{cases} \dot{\hat{x}}(t) = A\hat{x}(t) + Gg(\hat{x}(t)) + B\hat{\Omega}r(t) \\ \hat{v}(t) = E\hat{x}(t) \end{cases} \tag{4.28}$$

其中，$\hat{\Omega} = \mathrm{diag}\{\hat{\Omega}_1, \hat{\Omega}_2, \cdots, \hat{\Omega}_m\}$ 表示失效因子的估计。选取输入 $r(t)$ 实现控制目标，令 $\tilde{x}(t) = [\hat{\xi}^{\mathrm{T}}(t), \hat{x}^{\mathrm{T}}(t)]^{\mathrm{T}}$，$\hat{\xi}(t) = \displaystyle\int_0^t (\hat{v}(\tau) - v_g(\tau))\mathrm{d}\tau$，可得到如下增广系统：

$$\dot{\tilde{x}}(t) = \bar{A}\tilde{x}(t) + \bar{G}g(\tilde{x}(t)) + \bar{B}\hat{\Omega}r(t) + \bar{H}v_g(t) \tag{4.29}$$

其中，$\bar{A}$、$\bar{G}$、$\bar{B}$ 和 $\bar{H}$ 与增广系统 (4.9) 描述一致。通过定义增广系统的误差向量 $e(t) = \tilde{x}(t) - \bar{x}(t)$、控制输入 $u(t) = r(t) - Fe(t)$，令 $B = [b_1, b_2, \cdots, b_m]$、$r(t) = [r_1^{\mathrm{T}}(t), r_2^{\mathrm{T}}(t), \cdots, r_m^{\mathrm{T}}(t)]^{\mathrm{T}}$ 和 $g_e(t) = g(\tilde{x}(t)) - g(\bar{x}(t))$，增广系统 (4.9) 和 (4.29) 可写为

$$\dot{e}(t) = (\bar{A} + B\hat{\Omega}F)e(t) + \bar{G}g_e(t) + \sum_{i=1}^m b_i\tilde{\Omega}_i u_i(t) \tag{4.30}$$

其中，$\tilde{\Omega}_i = \hat{\Omega}_i - \Omega_i$。

下面给出由故障参数在线估计器和故障自动补偿控制律复合的容错形状控制器的设计结果。

定理 4.3　对于误差系统 (4.30)，存在矩阵 $T_2 > 0$ 和 W_2，若以下线性矩阵不等式成立：

$$\begin{bmatrix} \Phi & \bar{G} & T_2U^{\mathrm{T}} \\ \bar{G}^{\mathrm{T}} & -I & 0 \\ UT_2 & 0 & -I \end{bmatrix} \leqslant 0 \tag{4.31}$$

其中，$\Phi = \bar{A}T_2 + T_2\bar{A}^{\mathrm{T}} + \bar{B}\hat{\Omega}W_2 + W_2^{\mathrm{T}}\hat{\Omega}B^{\mathrm{T}}$，则系统 (4.30) 是稳定的，$\hat{v}(t)$ 收敛于 $v(t)$，且基于如下自适应估计算法，得到 $\hat{\Omega}_i$：

$$\dot{\hat{\Omega}}_i = \mathrm{Proj}_{[\underline{\Omega}_i, \overline{\Omega}_i]}\{-l_i e^{\mathrm{T}}(t)Pb_i u_i(t)\}$$

$$= \begin{cases} 0, & \hat{\Omega}_i = \underline{\Omega}_i, \ -l_i e^{\mathrm{T}}(t)Pb_i u_i(t) \leqslant 0 \\ 0, & \hat{\Omega}_i = \overline{\Omega}_i, \ -l_i e^{\mathrm{T}}(t)Pb_i u_i(t) \geqslant 0 \\ -l_i e^{\mathrm{T}}(t)Pb_i u_i(t), & \text{其他} \end{cases} \qquad (4.32)$$

其中，$P = T_2^{-1}$；$\mathrm{Proj}\{\cdot\}$ 为保护算子；$l_i > 0$ 为自适应增益。

证明 选取如下李雅普诺夫函数：

$$V(e(t)) = e^{\mathrm{T}}(t)Pe(t) + \sum_{i=1}^{m} \frac{\tilde{\Omega}_i}{l_i} + \int_0^t \left(\|Ue(s)\|^2 - \|g_e(s)\|^2 \right) \mathrm{d}s \qquad (4.33)$$

正如假设 2.3 所述，$\|g(x_1(t)) - g(x_2(t))\|^2 \leqslant \|U(x_1(t) - x_2(t))\|^2$。因此，误差系统 (4.30) 的导数可写为

$$\dot{V}(e(t)) = 2e^{\mathrm{T}}(t)P\left[(\bar{A} + B\hat{\Omega}F)e(t) + \bar{G}g_e(t) + \sum_{i=1}^{m} b_i \tilde{\Omega}_i u_i(t) \right]$$

$$- g_e^{\mathrm{T}}(t)g_e(t) + 2\sum_{i=1}^{m} \frac{\tilde{\Omega}_i \dot{\tilde{\Omega}}_i}{l_i}$$

$$= \begin{bmatrix} e^{\mathrm{T}}(t), & g_e^{\mathrm{T}}(t) \end{bmatrix} \begin{bmatrix} \bar{\Phi} & P\bar{G} \\ \bar{G}^{\mathrm{T}}P & -I \end{bmatrix} \begin{bmatrix} e(t) \\ g_e(t) \end{bmatrix}$$

$$+ 2\sum_{i=1}^{m} \tilde{\Omega}_i e^{\mathrm{T}}(t)Pb_i u_i(t) + 2\sum_{i=1}^{m} \frac{\tilde{\Omega}_i \dot{\tilde{\Omega}}_i}{l_i} \qquad (4.34)$$

其中，$\bar{\Phi} = P(\bar{A} + B\hat{\Omega}F) + (\bar{A} + B\hat{\Omega}F)^{\mathrm{T}}P + U^{\mathrm{T}}U$；$\Omega_i$ 是未知常数，那么 $\dot{\tilde{\Omega}}_i = \dot{\hat{\Omega}}_i$ 成立。对于自适应估计算法 (4.32)，有两种情况：① 当 $\hat{\Omega}_i = \underline{\Omega}_i$ 或 $\hat{\Omega}_i = \overline{\Omega}_i$ 时，得到 $\dot{\hat{\Omega}}_i = 0$，$2\sum_{i=1}^{m} \tilde{\Omega}_i e^{\mathrm{T}}(t)Pb_i u_i(t) \leqslant 0$；② 当是其他情况时，得到

$$2\sum_{i=1}^{m} \frac{\tilde{\Omega}_i \dot{\tilde{\Omega}}_i}{l_i} \leqslant -2\sum_{i=1}^{m} \tilde{\Omega}_i e^{\mathrm{T}}(t)Pb_i u_i(t) \qquad (4.35)$$

基于式 (4.34) 和式 (4.35)，得到

$$\dot{V}(e(t)) \leqslant \begin{bmatrix} e^{\mathrm{T}}(t), & g_e^{\mathrm{T}}(t) \end{bmatrix} \begin{bmatrix} \bar{\Phi} & P\bar{G} \\ \bar{G}^{\mathrm{T}}P & -I \end{bmatrix} \begin{bmatrix} e(t) \\ g_e(t) \end{bmatrix} \qquad (4.36)$$

采用舒尔补引理，式 (4.31) 可写为

$$\begin{bmatrix} \Psi & \bar{G} \\ \bar{G}^{\mathrm{T}} & -I \end{bmatrix} \leqslant 0 \tag{4.37}$$

其中，$\Psi = \bar{A}T_2 + T_2\bar{A}^{\mathrm{T}} + \bar{B}\hat{\Omega}W_2 + W_2^{\mathrm{T}}\hat{\Omega}B^{\mathrm{T}} + T_2^{\mathrm{T}}U^{\mathrm{T}}UT_2$。在式 (4.37) 两边左乘 $\mathrm{diag}\{T_2^{-1}, I\}^{\mathrm{T}}$，右乘 $\mathrm{diag}\{T_2^{-1}, I\}$，以下不等式成立：

$$\begin{bmatrix} P(\bar{A} + B\hat{\Omega}F) + (\bar{A} + B\hat{\Omega}F)^{\mathrm{T}}P + U^{\mathrm{T}}U & P\bar{G} \\ \bar{G}^{\mathrm{T}}P & -I \end{bmatrix} \leqslant 0 \tag{4.38}$$

其中，$P = T_2^{-1}$；$F = W_2T_2^{-1}$。基于不等式 (4.38)，可知 $V(e(t)) \leqslant -\lambda_{\max}\|e(t)\|^2 \leqslant 0$，这里 $\lambda_{\max}$ 是 $P(\bar{A} + B\hat{\Omega}F) + (\bar{A} + B\hat{\Omega}F)^{\mathrm{T}}P$ 的最大特征值。这意味着，误差系统 (4.30) 是稳定的。因此，$V(e(t)) \in L_\infty$ 表明 $e(t) \in L_\infty$，$\dot{e}(t) \in L_\infty$，且 $\int_0^\infty \|e(t)\|^2 \mathrm{d}t \leqslant V(0) - V(\infty) \leqslant \infty$。因此，$e(t) \in L_\infty \cap L_2$。由著名的 Barbalat 引理[70] 得知，$\lim\limits_{t\to\infty} e(t) = 0$，表明 $\hat{v}(t)$ 收敛于 $v_g(t)$。证毕。

$r(t)$ 计算如下：

$$r(t) = \hat{\Omega}^{-1}[K_N\tilde{x}(t) - \bar{B}^{\mathrm{T}}(\bar{B}\bar{B}^{\mathrm{T}})^{\dagger}\bar{G}g(\tilde{x}(t))]$$

使得动态系统 (4.29) 和标称系统 (4.11) 一致。那么，一个新的故障容错控制律设计为

$$\begin{aligned} u(t) &= r(t) - Fe(t) \\ &= \hat{\Omega}^{-1}K_N\tilde{x}(t) - \bar{B}^{\mathrm{T}}(\bar{B}\bar{B}^{\mathrm{T}})^{\dagger}\bar{G}g(\tilde{x}(t)) - Fe(t) \\ &= K_N\bar{x}(t) - \bar{B}^{\mathrm{T}}(\bar{B}\bar{B}^{\mathrm{T}})^{\dagger}\bar{G}g(\bar{x}(t)) \\ &\quad + \hat{\Omega}^{-1}(I - \hat{\Omega})K_N\tilde{x}(t) \\ &\quad + (K_N - F)e(t) - \bar{B}^{\mathrm{T}}(\bar{B}\bar{B}^{\mathrm{T}})^{\dagger}\bar{G}ge(t) \\ &= u_N(t) + u_{\mathrm{ad}}(t) \end{aligned} \tag{4.39}$$

其中，$u_N(t) = K_N\bar{x}(t) - \bar{B}^{\mathrm{T}}(\bar{B}\bar{B}^{\mathrm{T}})^{\dagger}\bar{G}g(\bar{x}(t))$；$u_{\mathrm{ad}}(t) = \hat{\Omega}^{-1}(I - \hat{\Omega})K_N\tilde{x}(t) + (K_N - F)e(t) - \bar{B}^{\mathrm{T}}(\bar{B}\bar{B}^{\mathrm{T}})^{\dagger}\bar{G}ge(t)$。

注解 4.4　本章的主要目的是即使存在故障，输出分布依然可以跟踪给定的目标形状。在此框架下，提出了一种基于执行器故障在线估计的故障容错形状控制器，该控制器包含一个标称控制器和一个自适应补偿项。值得指出的是，自适应补偿控制 (4.39) 可以降低甚至消除故障对给定分布形状的影响，其主要由定

理3.3 中描述的在线故障参数估计器组成。在正常运行期间，即执行器没有故障时，式 (4.28) 中 $\hat{\Omega} = I$ 和式 (4.30) 中 $e(t) = 0$。因此，对于标称系统 $u_N(t)$ 是状态跟踪控制器 (4.10)。当故障发生时，$\hat{\Omega} \neq I$ 和 $e(t) \neq 0$，将自适应补偿项 $u_{\mathrm{ad}}(t)$ 添加到标称控制器。

4.4　仿真研究

考虑一个随机系统的例子，它的输出概率密度函数描述为式 (4.2)，动态权值 $v = [v_1, v_2, v_3]^{\mathrm{T}}$。因此，B 样条函数 $B_i(y)(i = 1, 2, 3)$ 描述为

$$B_1(y) = 0.5(y - 5)^2 I_1 + (-y^2 + 13y - 41.5)I_2 + 0.5(y - 8)^2 I_3$$

$$B_2(y) = 0.5(y - 6)^2 I_2 + (-y^2 + 15y - 55.5)I_3 + 0.5(y - 9)^2 I_4$$

$$B_3(y) = 0.5(y - 7)^2 I_3 + (-y^2 + 17y - 71.5)I_4 + 0.5(y - 10)^2 I_5$$

其中，$I_i(i = 1, 2, 3, 4, 5)$ 是区间函数，定义为

$$I_i = \begin{cases} 1, & y \in [i + 4,\ i + 5] \\ 0, & \text{其他} \end{cases}$$

因此，式 (4.2) 中 $C(y)$ 定义为

$$C(y) = [B_1(y), B_2(y), B_3(y)] \tag{4.40}$$

在 B 样条近似逼近之后，v 和 u 之间的动态关系用式 (4.3) 表示，其中

$$A = \begin{bmatrix} 0 & 2 & 0 \\ 0 & 0 & 3 \\ 2 & -5 & -1 \end{bmatrix}, \quad B = \begin{bmatrix} 3 & 2 & 0 \\ 0 & 1 & 4 \\ -5 & -3 & 1 \end{bmatrix}$$

$$G = \begin{bmatrix} 0.1 & 0 & 0 \\ 0 & 0.1 & 0 \\ 0 & 0 & 0.1 \end{bmatrix}, \quad E = \begin{bmatrix} 0.9 & 0 & 0 \\ 0 & 0.8 & 0 \\ 0 & 0 & 0.7 \end{bmatrix}$$

且 $g(\bar{x}) = \dfrac{1}{1 + \mathrm{e}^{-x}} - 0.5$。假设期望的输出概率密度函数 $\psi(y, t)$ 由式 (4.6) 描述且 $v_g = [7, 4, 7]^{\mathrm{T}}$。权系统的初始条件选取为 $x(0) = [2, 4, 3]^{\mathrm{T}}$。为了证明控制器的有效性，考虑如下两种情况。

1. 标称情况

基于定理 4.2, 标称控制器增益选为

$$K_N = \begin{bmatrix} -0.5469 & 0.4338 & 0.5993 \\ 0.5155 & -0.8043 & -0.9999 \\ -0.1213 & -0.0528 & 0.4415 \end{bmatrix}$$

$$\begin{matrix} 0.2031 & -0.5852 & 0.3121 \\ -1.2787 & -0.1766 & -0.5967 \\ 0.6933 & -0.5819 & -0.4654 \end{matrix} \Bigg]$$

$$(4.41)$$

在没有故障的情况下, 概率密度函数形状跟踪如图 4.1 所示, 由图可知, 在标称控制器作用下输出分布形状跟踪性能良好。

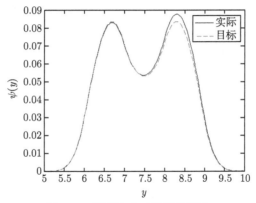

图 4.1　概率密度函数形状跟踪

2. 失效因子估计

失效因子为 40%、60%、80%, 表明 $\Omega_1 = 0.4$、$\Omega_2 = 0.6$、$\Omega_3 = 0.8$。通过定理 4.3 可以估计失效因子, 图 4.2 显示了前 200 次迭代的估计结果。很明显, 估计结果在几秒钟内收敛。在每次仿真迭代中, 都得到一个新的值 $\hat{\Omega}$, 该值可以通过求解线性矩阵不等式 (4.31) 来计算控制输入。虽然必须在每次迭代中计算线性矩阵不等式, 但 2000 次迭代的总模拟时间约为 49s, 这是因为线性矩阵不等式计算效率高。根据式 (4.39), 容错控制输入如图 4.3 所示。

图 4.4 显示了故障状态下的权值跟踪性能。图 4.5 显示了对目标输出概率密度函数良好的跟踪性能。

仿真结果表明, 本章所提出算法能有效地处理执行器故障, 并能保证随机分布系统输出概率密度函数形状的跟踪性能。

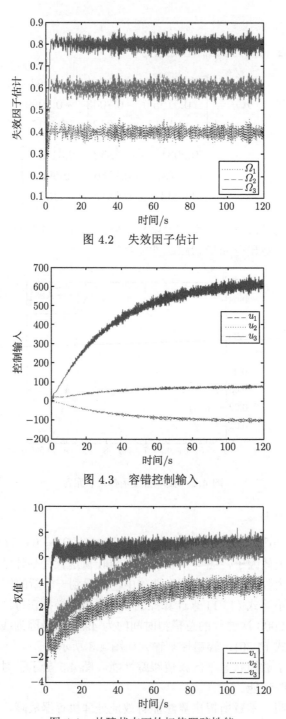

图 4.2　失效因子估计

图 4.3　容错控制输入

图 4.4　故障状态下的权值跟踪性能

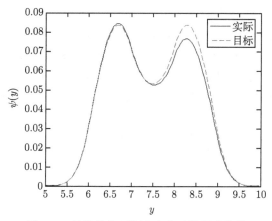

图 4.5　故障状态下概率密度函数跟踪性能

4.5　颗粒分布控制的应用

在岩土工程中，土体的结构和组成起着极其重要的作用。土的颗粒分布是影响结构渗透性和稳定性的主要因素。地基土的颗粒级配不良会导致管道漏损，甚至失效。土壤级配对于高速公路、路堤或土坝等工程极为重要。因此，控制土壤颗粒分布具有重要意义。对分级曲线求导，可以得到根据粒度的颗粒分布曲线，如图 4.6 所示。机器人技术的发展，使得可以使用机器人来混合土壤颗粒，例如，使用挖掘机收集不同大小的土壤和砂子，收集的土壤和砂子可以混合，达到一个良好的配比。但是，可测量的输出是粒子分布曲线，而不是具体的输出向量。本节将把前面几节介绍的方案应用于土壤分级。

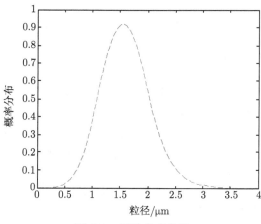

图 4.6　颗粒分布曲线

挖掘机实际动态学模型复杂，超出了本章的研究范围。为简单起见，假设挖掘机通过单连杆柔性关节系统进行控制，并且电机和连杆柔性关节的位置与速度都可以测量。这里，使用文献 [71] 中提出的柔性关节系统模型，对于关节系统，它是一个确定性模型，具有特定的物理模型，可以用数学模型来表示。然而，对于整个系统从电机控制的输入到土壤颗粒分布的输出，它是一个未知的非线性时不变随机系统。利用 B 样条近似拟合挖掘机的确定性输入与土壤颗粒分布的随机输出之间的未知关系。假设 $y(t)$ 表示土壤颗粒分布，$y(t) \in [3,5]$ 为一致有界随机过程，$\psi(y,t)$ 表示 $y(t)$ 的概率密度函数，则关节系统可以用状态空间模型表示：

$$
\begin{cases}
\dot{\theta}_l = \Omega_l \\[2mm]
\dot{\Omega}_l = -\dfrac{k}{J_l}(\theta_l - \theta_m) - \dfrac{mgl}{J_l}\sin\theta_l \\[2mm]
\dot{\theta}_m = \Omega_m + \dfrac{K_D}{J_m}u_1 \\[2mm]
\dot{\Omega}_m = \dfrac{k}{J_m}(\theta_l - \theta_m) - \dfrac{B}{J_m}\Omega_m + \dfrac{K_\tau}{J_m}u_2
\end{cases}
\tag{4.42}
$$

其中，θ_l 和 Ω_l 分别表示连杆的角位置和角速度；θ_m 和 Ω_m 分别表示电机的角位置和角速度。系统输入 u_1 用来调整电机角位置，u_2 用来调整电机角速度，这两个输入都是通过直流电机产生的。在实际应用中，随着传感器技术的发展，可以方便地测量电机的角位置和角速度，而且连杆角速度和角位置的检测并不困难。将状态向量设为 $x = [x_1,\ x_2,\ x_3,\ x_4]^{\mathrm{T}}$，其中，$x_1$、$x_2$、$x_3$、$x_4$ 分别表示 θ_l、Ω_l、θ_m、Ω_m，关节模型可表示为

$$
\begin{cases}
\dot{x}(t) = Ax(t) + Gg(x(t)) + Bu(t) \\[2mm]
v(t) = Ex(t)
\end{cases}
\tag{4.43}
$$

模型参数如表 4.1 所示，而所考虑的随机系统的测量输出概率密度函数可以展开为所有预先指定的 B 样条基函数的线性组合。这里假设，通过适当的 B 样条函数，权值和控制输入之间的动力学关系是已知的，实际上可以通过实验得到。动力学可以表示为式 (4.6)。假设目标分布函数 $T(y)$ 属于以下函数空间：

$$
T(y) \in \Omega = \left\{ \psi \,\Big|\, \psi = \frac{C(y)V(t)}{\sqrt{V^{\mathrm{T}}(t)LV(t)}} \right\}
\tag{4.44}
$$

其中，$V(t)$ 是任意向量。

表 4.1　模型参数

描述	参数	额定值
电机惯量	J_m	$3.7 \times 10^{-3} \mathrm{kg \cdot m^2}$
连杆惯量	J_l	$9.3 \times 10^{-3} \mathrm{kg \cdot m^2}$
连杆质量	m	$2.1 \times 10^{-1} \mathrm{kg}$
连杆长度	l	$3.0 \times 10^{-1} \mathrm{m}$
扭转弹簧常数	k	$1.8 \times 10^{-1} \mathrm{(N \cdot m)/rad}$
放大器增益	K_τ	$8 \times 10^{-2} \mathrm{(N \cdot m)/V}$
正交放大器增益	K_D	$5 \times 10^{-2} \mathrm{(N \cdot m)/V}$

值得注意的是，每个样本时间 k 的概率密度函数 $\psi(y, t)$ 都可以根据频率分布[72] 得到。选择与图 4.6 对应的 B 样条基函数为

$$B_1(y) = 0.5y^2 J_1 + (-y^2 + 3y - 1.5)J_2 + 0.5(y-3)^2 J_3$$

$$B_2(y) = 0.5(y-1)^2 J_2 + (-y^2 + 5y - 5.5)J_3 + 0.5(y-4)^2 J_4$$

其中，$J_i (i = 1, 2, 3, 4)$ 为间隔函数，定义为

$$J_i = \begin{cases} 1, & y \in [i-1, i] \\ 0, & 其他 \end{cases}$$

系统 (4.43) 对应的系数矩阵为

$$A = \begin{bmatrix} 0 & 1 & 0 & 0 \\ -19.5 & 0 & 19.5 & 0 \\ 0 & 0 & 0 & 1 \\ 48.6 & 0 & -48.6 & -1.25 \end{bmatrix}, \quad B = \begin{bmatrix} 0 & 0 \\ 0 & 0 \\ 0 & 1.35 \\ 21.6 & 0 \end{bmatrix}, \quad G = I$$

$$g(x(t)) = \begin{bmatrix} 0 \\ -3.33\sin x_1 \\ 0 \\ 0 \end{bmatrix}, \quad E = \begin{bmatrix} 0 & 0 & 1 & 0 \\ 0 & 0 & 0 & 1 \end{bmatrix}$$

可知，$\left\| \dfrac{\mathrm{d}g(x)}{\mathrm{d}x} \right\|$ 的上界为 3.33。期望的概率密度函数权值为 $v_g = [50, 10]$。与前述仿真相似，这里也给出了正常情况和故障情况的结果。

1. 标称情况

利用定理 4.2，计算可得控制器增益为

$$K_N = \begin{bmatrix} 0.0265 & -0.1453 & 1.7961 & -1.7127 & -0.1912 & 0.0291 \\ -0.2322 & 0.2587 & 0.1178 & -0.7294 & 0.2844 & -0.2250 \end{bmatrix}$$

图 4.7 显示了权值跟踪性能。这两个权动态都显示出了良好的跟踪结果。

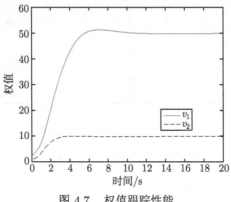

图 4.7　权值跟踪性能

图 4.8 和图 4.9 分别展示了状态和输出概率密度函数良好的跟踪性能。

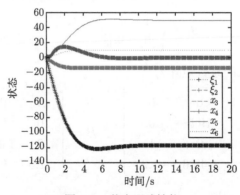

图 4.8　状态跟踪性能

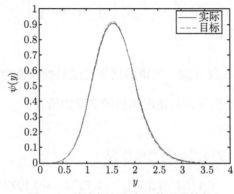

图 4.9　输出概率密度函数跟踪性能

2. 失效因子估计

失效因子为 90% 和 60%，表明 $\Omega_1 = 0.9$ 和 $\Omega_2 = 0.6$。利用定理 4.3 可以估计失效因子，如图 4.10 所示。根据式 (4.39)，基于失效因子估计的容错控制输入如图 4.11 所示。

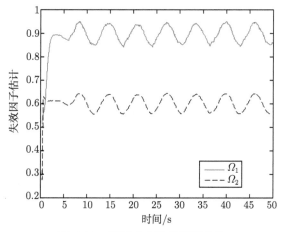

图 4.10　颗粒分布失效因子估计

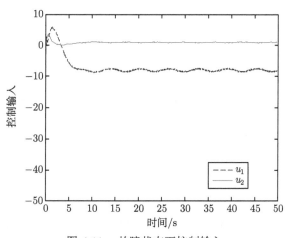

图 4.11　故障状态下控制输入

图 4.12 为故障状态下的权值跟踪性能。图 4.13 展示了对目标分布良好的跟踪性能。

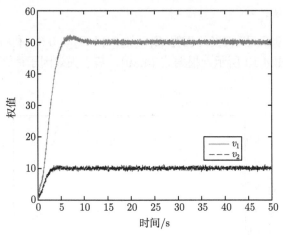

图 4.12　故障状态下的权值跟踪性能

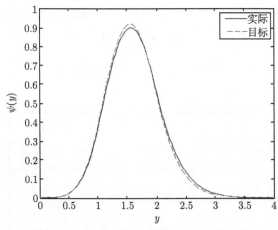

图 4.13　故障状态下的粒子分布跟踪性能

4.6　本 章 小 结

本章研究了执行器部分失效的随机分布系统的自适应主动容错形状控制问题，提出了一种基于执行器故障在线估计的控制方案。该方案不需要单独的故障检测机制，所设计的故障补偿控制律用来减小故障对系统性能的影响。此外，所提出的控制器可以在正常运行情况下以最优的控制性能实现跟踪。仿真结果验证了本章所提控制方案的优越性。

第 5 章　基于 Lipschitz 常数的随机分布系统故障和干扰同时估计方法

本章研究具有执行器故障和输出干扰的随机分布系统的干扰估计和故障重构问题。首先，应用有理平方根 B 样条对 PDF 与输入之间的非线性动态进行建模，其中假设非线性项满足非给定 Lipschitz 常数的 Lipschitz 条件。此外，还设计一个鲁棒广义观测器来同时估计系统的状态和干扰，同时通过凸优化得到最大容许 Lipschitz 常数。然后，基于所设计的观测器提出一种滑模方案来重构执行器故障。最后，对土壤颗粒级配系统进行仿真研究，验证该方法的有效性。

5.1　引　　言

工业生产中的可靠性是非常重要的，但可靠性易受到故障的影响。近年来，故障检测与隔离技术得到了广泛关注，各种故障检测与隔离技术也得到了迅速发展[73-75]。值得注意的是，通过故障检测与隔离技术并不能得到故障的幅值。因此，文献 [76]～ [79] 报道了故障重构与补偿相关技术，这是容错控制设计中不可缺少的部分。故障重构的优势在于可以直接提供故障信息，包括幅值和类型等。基于观测器的方法在故障重构方案中得到了广泛的应用[75,76,80-82]。

近年来，马尔可夫跳跃系统得到了广泛研究[83-89]。例如，文献 [83] 和 [84] 研究了跳变系统的异步控制和具有性能约束的可靠滤波器设计。文献 [85] 和 [86] 设计了 H_∞ 控制和容错控制。此外，将所考虑的问题推广到半马尔可夫跳跃系统中[87-89]。与文献 [83]～ [89] 不同的是，以优化均值和方差为目的的高斯系统的故障诊断和隔离技术也得到了广泛关注[90,91]。在文献 [46] 中，针对随机分布系统建立了一些新的故障检测与隔离方法。然而，目前还未见报道该类系统的故障和干扰同时估计相关成果的文献，因此此问题还值得进一步研究。

针对上述问题，本章提出一种基于 PDF 的干扰估计和容错方案。首先，采用有理平方根 B 样条对执行器故障和输出干扰下的随机分布系统进行建模，这里的 Lipschitz 常数不是预先给定的，是通过后续求解凸优化问题得到最大允许常数的。然后，将输出干扰作为辅助状态向量建立增广系统，对于所得到的系统，设计观测器来估计增广状态，从而使原系统的状态和输出干扰可以同时估计，并可采用滑模方法对执行机构进行重构。最后，对土壤颗粒级配系统进行仿真，验证该方法的有效性和实用性。

5.2 问 题 描 述

输出 PDF $\psi(y, u(t))$ 及相关参数 $V(t)$、$\bar{V}(t)$、$\phi(y)$、L、$T(y)$、$C(y)$ 均已在第 2 章定义过，在此不再赘述。基于两步模糊辨识或神经网络方法，权值 $\bar{V}(t)$ 和系统输入 $u(t)$ 之间的关系可建模为

$$\begin{cases} \dot{x}(t) = Ax(t) + Gg(x(t)) + Hu(t) + J_1 d(t) + Ff(t) \\ \bar{V}(t) = Ex(t) + J_2 d(t) \end{cases} \tag{5.1}$$

其中，$x(t) \in \mathbb{R}^n$ 表示状态变量；$u(t) \in \mathbb{R}^m$ 表示控制输入；$d(t) \in \mathbb{R}^p$ 表示干扰；$f(t) \in \mathbb{R}^q$ 表示有界故障且满足 $\|f(t)\| \leqslant \rho$，ρ 是一个正常数；$A \in \mathbb{R}^{n \times n}$、$G \in \mathbb{R}^{n \times k}$、$H \in \mathbb{R}^{n \times m}$、$J_1 \in \mathbb{R}^{n \times p}$、$F \in \mathbb{R}^{n \times q}$、$E \in \mathbb{R}^{(r-1) \times n}$、$J_2 \in \mathbb{R}^{(r-1) \times p}$ 表示系统矩阵。

对于任意 $x_1(t)$ 和 $x_2(t)$，假设函数 $g(x(t))$ 满足如下 Lipschitz 条件：

$$\begin{cases} g(0) = 0 \\ \|g(x_1(t)) - g(x_2(t))\|_2 \leqslant l\|x_1(t) - x_2(t)\|_2 \end{cases} \tag{5.2}$$

其中，l 表示 Lipschitz 常数。

注解 5.1　式 (5.2) 中 Lipschitz 常数 $l > 0$ 不是预先设定的。通过后续求解凸优化问题，才能得到最大可容许 Lipschitz 常数 l^*。

类似于第 2 章的方法，辅助输出向量定义为

$$\xi(t) = \int_\alpha^\beta \sigma(y) \left(\sqrt{\psi(y, u(t))} - T(y) \right) \mathrm{d}y = \Gamma_1 x(t) + \Gamma_2 \mathrm{d}(t) \tag{5.3}$$

其中，$\sigma(y) \in [\alpha, \beta]$ 为预先设定的权重参数；$\Gamma_1 = \int_\alpha^\beta \sigma(y)C(y)E\mathrm{d}y$ 且 $\Gamma_1 \in \mathbb{R}^{r \times n}$；$\Gamma_2 = \int_\alpha^\beta \sigma(y)C(y)J_2\mathrm{d}y$ 且 $\Gamma_2 \in \mathbb{R}^{r \times p}$。

在后续的干扰估计和故障重构中需要进行以下假设。

假设 5.1　矩阵 Ξ 满足

$$\Xi[F \quad \Gamma_2] = \begin{bmatrix} F_1 & 0 \\ 0 & \tilde{\Gamma}_2 \end{bmatrix} \tag{5.4}$$

且 $F_1 \in \mathbb{R}^{q \times q}$、$\tilde{\Gamma}_2 \in \mathbb{R}^{(r-q) \times (r-q)}$ 满秩。

上述假设意味着可以通过对系统 (5.1) 应用非奇异变换来分离执行器故障和输出干扰。

5.3　主 要 结 果

5.3.1　状态和故障同时估计

结合式 (5.1) 和式 (5.3)，得到

$$\begin{cases} \dot{x}(t) = Ax(t) + Gg(x(t)) + Hu(t) + J_1 d(t) + F f(t) \\ \xi(t) = \Gamma_1 x(t) + \Gamma_2 d(t) \end{cases} \tag{5.5}$$

借助文献 [92] 的结果，针对系统 (5.5)，应用坐标变换：

$$\breve{x}(t) = Tx(t) = [\breve{x}_1^{\mathrm{T}}(t), \quad \breve{x}_2^{\mathrm{T}}(t)]^{\mathrm{T}}$$

$$\breve{\xi}(t) = S\xi(t) = [\breve{\xi}_1^{\mathrm{T}}(t), \quad \breve{\xi}_2^{\mathrm{T}}(t)]^{\mathrm{T}}$$

那么，系统 (5.5) 可以写为

$$\begin{cases} \begin{bmatrix} \dot{\breve{x}}_1(t) \\ \dot{\breve{x}}_2(t) \end{bmatrix} = \begin{bmatrix} A_1 & A_2 \\ A_3 & A_4 \end{bmatrix} \begin{bmatrix} \breve{x}_1(t) \\ \breve{x}_2(t) \end{bmatrix} + \begin{bmatrix} H_1 \\ H_2 \end{bmatrix} u(t) + \begin{bmatrix} G_1 \\ G_2 \end{bmatrix} g(T^{-1}\breve{x}(t)) \\ \qquad + \begin{bmatrix} J_{11} \\ J_{12} \end{bmatrix} d(t) + \begin{bmatrix} F_1 \\ 0 \end{bmatrix} f(t) \\ \begin{bmatrix} \breve{\xi}_1(t) \\ \breve{\xi}_2(t) \end{bmatrix} = \begin{bmatrix} \Gamma_{11} & \Gamma_{12} \\ \Gamma_{21} & \Gamma_{22} \end{bmatrix} \begin{bmatrix} \breve{x}_1(t) \\ \breve{x}_2(t) \end{bmatrix} + \begin{bmatrix} 0 \\ \tilde{\Gamma}_{22} \end{bmatrix} d(t) \end{cases} \tag{5.6}$$

其中，$\breve{x}_1(t) \in \mathbb{R}^q$；$\breve{x}_2(t) \in \mathbb{R}^{n-q}$；$\breve{\xi}_1(t) \in \mathbb{R}^q$；$\breve{\xi}_2(t) \in \mathbb{R}^{r-q}$；$\Gamma_{11} \in \mathbb{R}^{q \times q}$；$\Gamma_{12} \in \mathbb{R}^{q \times (n-q)}$；$\Gamma_{21} \in \mathbb{R}^{(r-q) \times q}$；$\Gamma_{22} \in \mathbb{R}^{(r-q) \times (n-q)}$；$\tilde{\Gamma}_{22} \in \mathbb{R}^{(r-q) \times (r-q)}$。

令

$$\bar{x}(t) = \begin{bmatrix} \breve{x}_1(t) \\ \breve{x}_2(t) \\ d(t) \end{bmatrix}, \quad \bar{A} = \begin{bmatrix} A_1 & A_2 & J_{11} \\ A_3 & A_4 & J_{12} \\ 0 & 0 & 0_{r-q} \end{bmatrix}$$

$$\bar{G} = \begin{bmatrix} G_1 \\ G_2 \\ 0_{(r-q) \times k} \end{bmatrix}, \quad \bar{H} = \begin{bmatrix} H_1 \\ H_2 \\ 0_{(r-q) \times m} \end{bmatrix}$$

$$\bar{F} = \begin{bmatrix} F_1 \\ 0 \\ 0_{(r-q)\times q} \end{bmatrix}, \quad \bar{E} = \begin{bmatrix} I_q & 0 & 0 \\ 0 & I_{n-q} & 0 \\ 0 & 0 & 0_{r-q} \end{bmatrix}, \quad E_0 = \begin{bmatrix} I_n & 0_{n\times(r-q)} \end{bmatrix}$$

$$\bar{C} = \begin{bmatrix} \Gamma_{11} & \Gamma_{12} & 0 \\ \Gamma_{21} & \Gamma_{22} & \tilde{\Gamma}_{22} \end{bmatrix}, \quad \bar{\xi}(t) = \begin{bmatrix} \check{\xi}_1(t) \\ \check{\xi}_2(t) \end{bmatrix}$$

可得到增广系统为

$$\begin{cases} \bar{E}\dot{\bar{x}}(t) = \bar{A}\bar{x}(t) + \bar{G}g(T^{-1}E_0\bar{x}(t)) + \bar{H}u(t) + \bar{F}f(t) \\ \bar{\xi}(t) = \bar{C}\bar{x}(t) \end{cases} \tag{5.7}$$

注解 5.2 基于坐标变换，原系统的状态 $x(t)$ 和干扰 $d(t)$ 转化为增广系统的 $\bar{x}(t)$。因此，针对系统 (5.7) 设计渐近状态观测器，系统 (5.5) 中的状态和故障可以被同时估计[81,82]。

定义

$$M = \begin{bmatrix} \bar{E} \\ \bar{C} \end{bmatrix} \tag{5.8}$$

得到 $\text{rank}(M) = n + r - q$，这表明存在矩阵 $\bar{L}$ 使得 $\bar{S} = \bar{E} + \bar{L}\bar{C}$ 非奇异。同时，矩阵 $\bar{L}$ 为下述形式：

$$\bar{L} = \begin{bmatrix} 0_{q\times q} & 0_{q\times(r-q)} \\ 0_{(n-q)\times q} & 0_{(n-q)\times(r-q)} \\ 0_{(r-q)\times q} & L_{2_{(r-q)\times(r-q)}} \end{bmatrix} \tag{5.9}$$

其中，$L_{2_{(r-q)\times(r-q)}} = \text{diag}\{L_{2_1}, \cdots, L_{2_{r-q}}\}$；$L_{2_i} \neq 0 \ (i = 1, 2, \cdots, r-q)$。可知，$\bar{S}$ 非奇异，采用坐标变换 $\tilde{x}(t) = \bar{S}\bar{x}(t)$，系统 (5.7) 可写为

$$\begin{cases} \bar{E}\bar{S}^{-1}\dot{\tilde{x}}(t) = \bar{A}\bar{S}^{-1}\tilde{x}(t) + \bar{G}g(T^{-1}E_0\bar{S}^{-1}\tilde{x}(t)) + \bar{H}u(t) + \bar{F}f(t) \\ \bar{\xi}(t) = \bar{C}\bar{S}^{-1}\tilde{x}(t) \end{cases} \tag{5.10}$$

对于系统 (5.10)，观测器设计为

$$\begin{cases} \dot{\varsigma}(t) = \bar{A}_s\varsigma(t) + \bar{G}g(T^{-1}E_0\bar{S}^{-1}\hat{\tilde{x}}(t)) + \bar{H}u(t) + \bar{K}\bar{\xi}(t) + \bar{F}v(t) \\ \hat{\tilde{x}}(t) = \varsigma(t) + \bar{L}\bar{\xi}(t) \end{cases} \tag{5.11}$$

其中，

$$v(t) = \begin{cases} k\dfrac{F_1^{\mathrm{T}}P_1\tilde{e}_1(t)}{\|F_1^{\mathrm{T}}P_1\tilde{e}_1(t)\|}, & \tilde{e}_1(t) \neq 0 \\ 0, & \tilde{e}_1(t) = 0 \end{cases} \tag{5.12}$$

$\varsigma(t)$ 是辅助变量；$\hat{\tilde{x}}(t)$ 是 $\tilde{x}(t)$ 的估计值；$\tilde{e}_1(t)$ 是误差项 $\tilde{e}(t) = \tilde{x}(t) - \hat{\tilde{x}}(t)$ 的第一项；$k > \rho$；P_1、$\bar{A}_s$ 和 $\bar{K}$ 需要后续确定。

将式 (5.10) 第一个公式的两边加 $\bar{L}\dot{\xi}(t)$，得到

$$\dot{\tilde{x}}(t) = \bar{A}\bar{S}^{-1}\tilde{x}(t) + \bar{G}g(T^{-1}E_0\bar{S}^{-1}\tilde{x}(t)) + \bar{H}u(t) + \bar{F}f(t) + \bar{L}\dot{\xi}(t) \tag{5.13}$$

通过式 (5.11)，系统 (5.13) 可以进一步描述为

$$\dot{\hat{\tilde{x}}}(t) = \bar{A}_s\varsigma(t) + \bar{G}g(T^{-1}E_0\bar{S}^{-1}\hat{\tilde{x}}(t)) + \bar{H}u(t) + \bar{K}\bar{\xi}(t) + \bar{F}v(t) + \bar{L}\dot{\xi}(t) \tag{5.14}$$

于是，误差系统可以表示为

$$\begin{aligned}
\dot{\tilde{e}}(t) =& \bar{A}\bar{S}^{-1}\tilde{x}(t) - \bar{A}_s\varsigma(t) + \bar{F}(f(t) - v(t)) \\
&+ \bar{G}\big[g(T^{-1}E_0\bar{S}^{-1}\tilde{x}(t)) - g(T^{-1}E_0\bar{S}^{-1}\hat{\tilde{x}}(t))\big] \\
=& \bar{A}_s\tilde{e} + (\bar{A}\bar{S}^{-1} - \bar{A}_s + \bar{A}_s\bar{L}\bar{C}\bar{S}^{-1} - \bar{K}\bar{C}\bar{S}^{-1})\tilde{x} + \bar{F}(f(t) - v(t)) \\
&+ \bar{G}\big[g(T^{-1}E_0\bar{S}^{-1}\tilde{x}(t)) - g(T^{-1}E_0\bar{S}^{-1}\hat{\tilde{x}}(t))\big]
\end{aligned} \tag{5.15}$$

令

$$\Delta = \bar{A}\bar{S}^{-1} - \bar{A}_s + \bar{A}_s\bar{L}\bar{C}\bar{S}^{-1} - \bar{K}\bar{C}\bar{S}^{-1} \tag{5.16}$$

当 $\Delta = 0$ 时，误差系统简化为

$$\dot{\tilde{e}}(t) = \bar{A}_s\tilde{e}(t) + \bar{F}(f(t) - v(t)) + \bar{G}\big[g(T^{-1}E_0\bar{S}^{-1}\tilde{x}(t)) - g(T^{-1}E_0\bar{S}^{-1}\hat{\tilde{x}}(t))\big] \tag{5.17}$$

注意到，$\Delta = 0$ 意味着

$$\bar{A}_s\bar{E} + \bar{K}\bar{C} = \bar{A} \Rightarrow \begin{bmatrix} \bar{A}_s & \bar{K} \end{bmatrix} \begin{bmatrix} \bar{E} \\ \bar{C} \end{bmatrix} = \bar{A} \tag{5.18}$$

根据文献 [92]，$\bar{A}_s$ 和 $\bar{K}$ 可以计算为

$$\begin{aligned}
\bar{A}_s &= X_1 + ZY_1 \\
\bar{K} &= X_2 + ZY_2
\end{aligned} \tag{5.19}$$

其中，$Z \in \mathbb{R}^{(n+r-q)\times(n+2r-q)}$ 是任意矩阵。矩阵 X_1、X_2、Y_1、Y_2 定义为

$$\begin{aligned}
\begin{bmatrix} X_1 & X_2 \end{bmatrix} &= \bar{A}M^\dagger \begin{bmatrix} I_{n+r-q} & 0 \\ 0 & I_r \end{bmatrix} \\
\begin{bmatrix} Y_1 & Y_2 \end{bmatrix} &= (I - MM^\dagger) \begin{bmatrix} I_{n+r-q} & 0 \\ 0 & I_r \end{bmatrix}
\end{aligned} \tag{5.20}$$

其中，$X_1 \in \mathbb{R}^{(n+r-q)\times(n+r-q)}$；$X_2 \in \mathbb{R}^{(n+r-q)\times r}$；$Y_1 \in \mathbb{R}^{(n+2r-q)\times(n+r-q)}$；$Y_2 \in \mathbb{R}^{(n+2r-q)\times r}$。

为建立误差系统的稳定性判据，提出以下定理。

定理 5.1 若存在常数 $\gamma > 0$、$\mu > 0$、矩阵 $P = \mathrm{diag}\{P_{1_{q\times q}}, P_{2_{(n-q)\times(n-q)}}, P_{3_{(r-q)\times(r-q)}}\} > 0$、$L$ 使得以下线性矩阵不等式成立：

$$\bar{\Omega} = \begin{bmatrix} PX_1 + X_1^{\mathrm{T}}P + LY_1 + Y_1^{\mathrm{T}}L & I & P\bar{G} \\ * & -\gamma I & 0 \\ * & * & -\mu I \end{bmatrix} < 0 \tag{5.21}$$

则误差系统 (5.17) 是渐近稳定的。进一步，由 $Z = P^{-1}L$ 得到式 (5.19) 中的矩阵 Z。

证明 选取李雅普诺夫函数为

$$V(\tilde{e}(t)) = \tilde{e}^{\mathrm{T}}(t)P\tilde{e}(t) \tag{5.22}$$

这里 $P = \mathrm{diag}\{P_{1_{q\times q}}, P_{2_{(n-q)\times(n-q)}}, P_{3_{(r-q)\times(r-q)}}\} > 0$，沿轨迹 (5.17) 计算上述函数的导数可得

$$\begin{aligned}
\dot{V}(\tilde{e}(t)) &= 2\tilde{e}^{\mathrm{T}}(t)P\dot{\tilde{e}}(t) \\
&= 2\tilde{e}^{\mathrm{T}}(t)P\big\{\bar{A}_s\tilde{e}(t) + \bar{F}(f(t) - v(t)) + \bar{G}\big[g(T^{-1}E_0\bar{S}^{-1}\tilde{x}(t)) \\
&\quad - g(T^{-1}E_0\bar{S}^{-1}\hat{\tilde{x}}(t))\big]\big\} \\
&= \tilde{e}^{\mathrm{T}}(t)(P\bar{A}_s + \bar{A}_s^{\mathrm{T}}P)\tilde{e} + 2\tilde{e}^{\mathrm{T}}(t)P\bar{F}(f(t) - v(t)) \\
&\quad + 2\tilde{e}^{\mathrm{T}}(t)P\bar{G}\big[g(T^{-1}E_0\bar{S}^{-1}\tilde{x}(t)) - g(T^{-1}E_0\bar{S}^{-1}\hat{\tilde{x}}(t))\big]
\end{aligned}$$

注意到

$$\tilde{e}^{\mathrm{T}}(t)P\bar{F}(f(t) - v(t)) = \tilde{e}_1^{\mathrm{T}}(t)P_1F_1(f(t) - v(t))$$

当 $\tilde{e}_1(t) = 0$ 时，得到 $\tilde{e}_1^{\mathrm{T}}(t)P_1F_1(f(t) - v(t)) = 0$。当 $\tilde{e}_1(t) \neq 0$ 时，得到如下不等式：

$$\begin{aligned}
&\tilde{e}_1^{\mathrm{T}}(t)P_1F_1(f(t) - v(t)) \\
&= \tilde{e}_1^{\mathrm{T}}(t)P_1F_1f(t) - \tilde{e}_1^{\mathrm{T}}(t)P_1F_1k\frac{F_1^{\mathrm{T}}P_1\tilde{e}_1(t)}{\|F_1^{\mathrm{T}}P_1\tilde{e}_1(t)\|} \\
&\leqslant \|\tilde{e}_1^{\mathrm{T}}(t)P_1F_1\|(\rho - k) \\
&\leqslant 0
\end{aligned} \tag{5.23}$$

因此，$\tilde{e}^{\mathrm{T}}(t)P\bar{F}(f(t)-v(t)) \leqslant 0$ 成立。对于任意 $\mu \geqslant 0$，基于不等式 $2x^{\mathrm{T}}y \leqslant \mu^{-1}x^{\mathrm{T}}x + \mu y^{\mathrm{T}}y$，得到

$$2\tilde{e}^{\mathrm{T}}(t)P\bar{G}\big[g(T^{-1}E_0\bar{S}^{-1}\tilde{x}(t)) - g(T^{-1}E_0\bar{S}^{-1}\hat{\tilde{x}}(t))\big] \leqslant \tilde{e}^{\mathrm{T}}(t)\big[\mu^{-1}(P\bar{G})(P\bar{G})^{\mathrm{T}}$$
$$+ \mu\tilde{l}^2 I\big]\tilde{e}(t) \tag{5.24}$$

其中，$\tilde{l} = l\|T^{-1}E_0\bar{S}^{-1}\|$。定义 $\gamma^{-1} = \mu\tilde{l}^2 > 0$，得到

$$\dot{V}(\tilde{e}(t)) \leqslant \tilde{e}^{\mathrm{T}}(t)\big[P\bar{A}_s + \bar{A}_s^{\mathrm{T}}P + \mu^{-1}(P\bar{G})(P\bar{G})^{\mathrm{T}} + \gamma^{-1}I\big]\tilde{e}(t) \tag{5.25}$$

注意到，式 (5.19) 中 $\bar{A}_s = X_1 + ZY_1$、$Z = P^{-1}L$、$\bar{\Omega} < 0$，基于舒尔补引理，得到 $\dot{V}(\tilde{e}(t)) < 0$，表明系统 (5.17) 是渐近稳定的。证毕。

通过求解凸优化，得到最大可容许 Lipschitz 常数为

$$\inf_{P, L, \gamma, \mu} \kappa\gamma + (1-\kappa)\mu \tag{5.26}$$
$$\text{s.t. 式 (5.21)}$$

其中，$0 < \kappa < 1$。那么，最大可容许 Lipschitz 常数为 $l^* = \dfrac{1}{\sqrt{\gamma\mu}\|T^{-1}E_0\bar{S}^{-1}\|}$。

5.3.2　故障重构

对于系统 (5.17)，设计如下滑模面：

$$S = \{\tilde{e}(t)|\tilde{e}_1(t) = 0\} \tag{5.27}$$

针对误差系统 (5.17) 进行分块，$\tilde{e}_1(t)$ 描述为

$$\dot{\tilde{e}}_1(t) = \bar{A}_{s11}\tilde{e}_1(t) + \bar{A}_{s12}\tilde{e}_2(t) + \bar{A}_{s13}\tilde{e}_3(t) + \bar{F}(f(t)-v(t))$$
$$+ \bar{G}\big[g(T^{-1}E_0\bar{S}^{-1}\tilde{x}(t)) - g(T^{-1}E_0\bar{S}^{-1}\hat{\tilde{x}}(t))\big] \tag{5.28}$$

基于文献 [74] 中的引理 2，得到 $\bar{A}_{s11} \in \mathbb{R}^{q\times q}$ 是稳定的，那么得到如下定理。

定理 5.2　当增益 k 满足下列条件时，系统 (5.28) 的状态在有限时间内到达滑模面 (5.27)：

$$k > \rho + \|F_1^{-1}\|\big(\|\bar{A}_{s12}\| + \|\bar{A}_{s13}\| + \|G_1\|\tilde{l}\big)\epsilon \tag{5.29}$$

证明　李雅普诺夫函数选为

$$V(\tilde{e}_1(t)) = \tilde{e}_1^{\mathrm{T}}(t)P_1\tilde{e}_1(t) \tag{5.30}$$

其中，P_1 是式 (5.22) 中正定矩阵 P 的第一个对角项，得到

$$
\begin{aligned}
\dot{V}(\tilde{e}_1(t)) = {} & \tilde{e}_1^{\mathrm{T}}(t)\left(\bar{A}_{s11}^{\mathrm{T}}P_1 + P_1\bar{A}_{s11}\right)\tilde{e}_1(t) + 2\tilde{e}_1^{\mathrm{T}}(t)P_1\bar{A}_{s12}\tilde{e}_2(t) \\
& + 2\tilde{e}_1^{\mathrm{T}}(t)P_1\bar{A}_{s13}\tilde{e}_3(t) + 2\tilde{e}_1^{\mathrm{T}}(t)P_1F_1f(t) - v(t) \\
& + 2\tilde{e}_1^{\mathrm{T}}(t)P_1G_1\big[g(T^{-1}E_0\bar{S}^{-1}\tilde{x}(t)) - g(T^{-1}E_0\bar{S}^{-1}\hat{\tilde{x}}(t))\big] \quad (5.31)
\end{aligned}
$$

基于文献 [74]，$\bar{A}_{s11}^{\mathrm{T}}P_1 + P_1\bar{A}_{s11} < 0$，因此

$$
\begin{aligned}
\dot{V}(\tilde{e}_1(t)) \leqslant {} & 2\|\tilde{e}_1^{\mathrm{T}}(t)P_1F_1\|\|F_1^{-1}\|\big(\|\bar{A}_{s12}\|\|\tilde{e}_2(t)\| \\
& + \|\bar{A}_{s13}\|\|\tilde{e}_3(t)\| + \|G_1\|\|\tilde{e}(t)\|\tilde{l}\big) - 2\|\tilde{e}_1^{\mathrm{T}}(t)P_1F_1\|(k-\rho)
\end{aligned} \quad (5.32)
$$

基于定理 4.1，由于误差系统 (5.17) 是渐近稳定的，存在 $\epsilon > 0$ 使得 $\|\tilde{e}(t)\| \leqslant \epsilon$，$\dot{V}(\tilde{e}_1(t))$ 可以描述为

$$
\begin{aligned}
\dot{V}(\tilde{e}_1(t)) \leqslant {} & -2\|\tilde{e}_1^{\mathrm{T}}(t)P_1F_1\|\big(k - \rho - \|F_1^{-1}\|(\|\bar{A}_{s12}\|\|\tilde{e}_2(t)\| \\
& + \|\bar{A}_{s13}\|\|\tilde{e}_3(t)\| + \|G_1\|\|\tilde{e}(t)\|\tilde{l})\big)
\end{aligned} \quad (5.33)
$$

因此，当 k 满足不等式 (5.29) 时，得到

$$
\dot{V}(\tilde{e}_1(t)) < 0 \quad (5.34)
$$

表明误差系统 (5.28) 能到达滑模面并在此面上滑动。证毕。

观测器设计为式 (5.11)，那么 $\tilde{e}_1(t) = \dot{\tilde{e}}_1(t) = 0$。在滑动过程中，式 (5.28) 变为

$$
\begin{aligned}
0 = {} & \bar{A}_{s12}\tilde{e}_2(t) + \bar{A}_{s13}\tilde{e}_3(t) + F_1(f(t) - v_{\mathrm{eq}}(t)) \\
& + G_1\big[g(T^{-1}E_0\bar{S}^{-1}\tilde{x}(t)) - g(T^{-1}E_0\bar{S}^{-1}\hat{\tilde{x}}(t))\big]
\end{aligned} \quad (5.35)
$$

其中，v_{eq} 是等效输出误差注入。因为 F_1 是可逆的，所以以下不等式成立：

$$
f(t) - v_{\mathrm{eq}} = F_1^{-1}\big\{\bar{A}_{s12}\tilde{e}_2 + \bar{A}_{s13}\tilde{e}_3 + G_1\big[g(T^{-1}E_0\bar{S}^{-1}\tilde{x}(t)) - g(T^{-1}E_0\bar{S}^{-1}\hat{\tilde{x}}(t))\big]\big\}
$$

$$(5.36)$$

基于定理 4.1，$\|\tilde{e}(t)\| \leqslant \epsilon$，得到

$$
\begin{aligned}
\|f(t) - v_{\mathrm{eq}}\| \leqslant {} & \big(\bar{\sigma}_{\max}(F_1^{-1}\bar{A}_{s12}) + \bar{\sigma}_{\max}(F_1^{-1}\bar{A}_{s13}) + \bar{\sigma}_{\max}(F_1^{-1}G_1)\tilde{l}\big)\|\tilde{e}(t)\| \\
\leqslant {} & \big(\bar{\sigma}_{\max}(F_1^{-1}\bar{A}_{s12}) + \bar{\sigma}_{\max}(F_1^{-1}\bar{A}_{s13}) + \bar{\sigma}_{\max}(F_1^{-1}G_1)\tilde{l}\big)\epsilon \\
= {} & \varpi
\end{aligned}
$$

$$(5.37)$$

从式 (5.37) 可以看出，ϖ 很小，式 (5.37) 可以近似为 $f(t) \approx v_{\text{eq}}$。因此，当式 (5.21)、式 (5.26) 有可行解，同时增益 k 满足式 (5.12) 时，基于式 (5.38) 来重构故障 $f(t)$ 信息：

$$\hat{f}(t) \approx k \frac{F_1^{\mathrm{T}} P_1 \tilde{e}_1(t)}{\|F_1^{\mathrm{T}} P_1 \tilde{e}_1(t)\| + \delta} \tag{5.38}$$

5.4　仿真研究

为了验证所提方法的有效性，采用第 3 章土壤颗粒分布系统进行仿真研究[93]。这里假设土壤粒径分布 $\eta(t) \in [3,5]$ 为一致有界随机过程。基于 B 样条逼近函数 $\phi_i(y)(i = 1, 2, 3)$，输出 PDF $\psi(y, u(t))$。基于 B 样条近似为

$$\phi_1(y) = 0.5y^2 I_1 + (-y^2 + 3y - 1.5)I_2 + 0.5(y-3)^2 I_3$$

$$\phi_2(y) = 0.5(y-1)^2 I_2 + (-y^2 + 5y - 5.5)I_3 + 0.5(y-4)^2 I_4$$

$$\phi_3(y) = 0.5(y-2)^2 I_3 + (-y^2 + 7y - 11.5)I_4 + 0.5(y-5)^2 I_5$$

其中，$I_i(i = 1, 2, 3, 4, 5)$ 为单位脉冲函数，定义为

$$I_i = \begin{cases} 1, & y \in [i-1, i] \\ 0, & \text{其他} \end{cases}$$

选取 $\sigma(y) = \begin{bmatrix} y \\ y^2 \end{bmatrix}$，得到

$$\Gamma_1 = \begin{bmatrix} -8.7273 & 1 & 5 & 1.8636 \\ -36.4545 & 4 & 20 & 8.2273 \end{bmatrix}$$

$$\Gamma_2 = \begin{bmatrix} 0.7727 \\ 0 \end{bmatrix}$$

单连杆柔性连接系统的状态空间描述[71] 为

$$\begin{cases} \dot{\theta}_l = \Omega_l \\ \dot{\Omega}_l = -\dfrac{k}{J_l}(\theta_l - \theta_m) - \dfrac{mgl}{J_l}\sin\theta_l + \dfrac{K_D}{J_l}u_1 \\ \dot{\theta}_m = \Omega_m \\ \dot{\Omega}_m = \dfrac{k}{J_m}(\theta_l - \theta_m) - \dfrac{B}{J_m}\Omega_m + \dfrac{K_\tau}{J_m}u_2 \end{cases} \tag{5.39}$$

其中，Ω_l、θ_l、Ω_m 和 θ_m 分别为连杆角速度、连杆角位置、电机角速度和电机角位置。另外，将控制输入 u_1 和 u_2 分别假定为手动控制信号和电机电压控制信号。相关模型参数如表 5.1 所示。

表 5.1　相关模型参数

描述	参数	额定值
电机惯量	J_m	$3.7 \times 10^{-3} \mathrm{kg \cdot m^2}$
连杆惯量	J_l	$9.3 \times 10^{-3} \mathrm{kg \cdot m^2}$
连杆质量	m	$2.1 \times 10^{-1} \mathrm{kg}$
连杆长度	l	$3 \times 10^{-1} \mathrm{m}$
扭转弹簧常数	k	$1.8 \times 10^{-1} \mathrm{(N \cdot m)/rad}$
黏性摩擦系数	B	$4.6 \times 10^{-2} \mathrm{(N \cdot m)/V}$
放大器增益	K_τ	$8 \times 10^{-2} \mathrm{(N \cdot m)/V}$
正交放大器增益	K_D	$1.3 \times 10^{-2} \mathrm{(N \cdot m)/V}$

因此，系统可以表示为

$$\begin{cases} \dot{x}(t) = Ax(t) + Gg(x(t)) + Hu(t) + J_1 d(t) + Ff(t) \\ \xi(t) = \Gamma_1 x(t) + \Gamma_2 d(t) \end{cases} \tag{5.40}$$

其中，状态向量 $x = [\theta_l,\ \Omega_l,\ \theta_m,\ \Omega_m]^\mathrm{T}$，参数选取为

$$A = \begin{bmatrix} 0 & 1 & 0 & 0 \\ -19.5 & 0 & 19.5 & 0 \\ 0 & 0 & 0 & 1 \\ 48.6 & 0 & -48.6 & -1.25 \end{bmatrix}$$

$$H = \begin{bmatrix} 0 & 0 \\ 1.4 & 0 \\ 0 & 0 \\ 0 & 21.6 \end{bmatrix}$$

$$G = I$$

$$J_1 = \begin{bmatrix} 0 \\ 0 \\ 0 \\ 1 \end{bmatrix}, \quad F = \begin{bmatrix} 0 \\ 21.6 \\ 0 \\ 0 \end{bmatrix}$$

$$u(t) = \begin{bmatrix} -\cos(\pi t) \\ -\sin(\pi t) \end{bmatrix}, \quad g(x(t)) = \begin{bmatrix} 0 \\ -3.33\sin x_1 \\ 0 \\ 0 \end{bmatrix}$$

假设故障 $f(t)$ 和干扰 $d(t)$ 分别为

$$f(t) = \begin{cases} 0, & 0\text{s} \leqslant t < 4\text{s 或 } t > 6\text{s} \\ 2t - 8, & 4\text{s} \leqslant t < 4.5\text{s} \\ -2t + 10, & 4.5\text{s} \leqslant t < 5.5\text{s} \\ 2t - 12, & 5.5\text{s} \leqslant t \leqslant 6\text{s} \end{cases}$$

$$d(t) = \cos(\pi t)$$

则非奇异变换矩阵 T、S 选为

$$T = \begin{bmatrix} 0 & 1 & 0 & 0 \\ 1 & 0 & 0 & 0 \\ 0 & 0 & 1 & 0 \\ 0 & 0 & 0 & 1 \end{bmatrix}$$

$$S = \begin{bmatrix} 0 & 1 \\ 1 & 0 \end{bmatrix}$$

$L_{2_{(r-q)\times(r-q)}} = 10$，所以 $\bar{S}$ 是可逆的。初始值 $x(0) = [-1, -1, -1, -1]^{\mathrm{T}}$。从式 (5.26) 计算得 l^* 为 0.0140。k 可以选为 3，δ 可以选为 0.03，因此可以得到仿真结果，如图 5.1 ~ 图 5.4 所示。

干扰 $d(t)$ 及其估计 $\hat{d}(t)$ 如图 5.5 所示。根据仿真结果，可以发现所提出方法是可行的，该方法可以同时实现状态估计和扰动估计。当故障发生时，有故障重构的估计结果要优于无故障重构的估计结果。最后，故障 $f(t)$ 及其估计 $\hat{f}(t)$ 如图 5.6 所示，很明显地观察到重构故障可以通过所提出方法来实现。

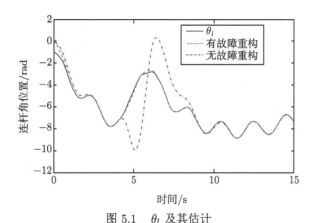

图 5.1　θ_l 及其估计

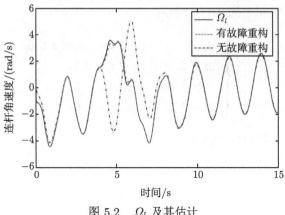

图 5.2　Ω_l 及其估计

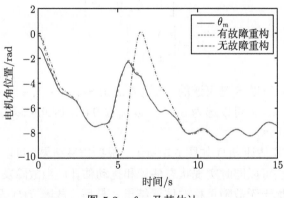

图 5.3　θ_m 及其估计

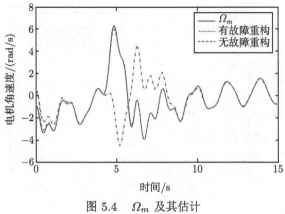

图 5.4　Ω_m 及其估计

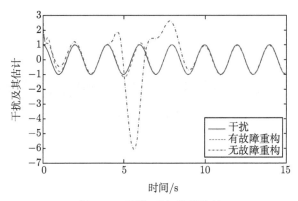

图 5.5　干扰 $d(t)$ 及其估计

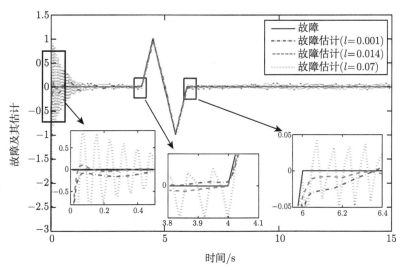

图 5.6　故障 $f(t)$ 及其估计

5.5　本 章 小 结

　　本章针对存在故障和干扰的随机分布式系统，提出了一种新的可同时实现干扰估计和故障重构的方案。在此基础上，提出了基于观测器同时估计状态和干扰的方法，并通过凸优化得到最大容许 Lipschitz 常数。对所设计的观测器应用一种滑模方案，实现了故障的重构。仿真结果表明，所设计的观测器能够有效地同时实现对系统状态、干扰和故障的估计。

第 6 章 基于模糊的火星探测器进入段姿态容错跟踪控制

本章提出一种含干扰和执行器故障的火星探测器进入段姿态容错跟踪控制方案。首先，将火星探测器进入段姿态动力学分为两类子系统，分别命名为慢子系统和快子系统。对于慢子系统，采用动态反推方法生成角速度参考信号。对于快子系统，采用 T-S (Takagi-Sugeno) 模糊模型来描述，并将执行器部分失效问题转换为参数不确定问题。然后，提出一种容错跟踪控制方案将模糊方法与鲁棒 H_∞ 控制方法相结合。该控制器设计简单，能保证闭环系统的渐近稳定和满足性能指标。最后，对于含执行器部分失效的火星探测器姿态控制系统，通过仿真验证该设计方法的有效性。

6.1 引　　言

近代火星探测从 19 世纪 60 年代人类发射第一个火星探测器开始，目前，要实现火星探测器精确着陆主要经过三个过程：飞越、环绕火星飞行及火星表面着陆。火星表面着陆能力是探测任务能否顺利完成的关键，这将面临很多困难[94]。为了实现进入的精确导航，主动制导进入轨道是非常必要的，它可以准确引导火星探测器通过火星大气层[95]。制导进入问题包括制导设计和控制设计两部分，所设计的制导系统可以通过倾斜角来改变升力矢量，使位置误差最小，从而保证开伞点的精度，然后将其作为参考姿态以计算执行器需要产生的期望控制力矩[96,97]。因此，火星探测器进入段控制问题可以看作控制倾斜角来实现对标称轨迹的一种姿态跟踪。因此，过去几十年对进入段火星控制算法的研究引起了一些学者的关注[97,98]。

火星大气密度和气动参数具有不确定性，环境较为复杂，经常发生大规模尘暴和突风，容易引起探测器故障，在故障发生时，火星探测器进入段的控制成为一个难题。众所周知，容错控制 (fault tolerant control, FTC) 在故障情况下能够保持系统的稳定性且具有满意的性能[58,68]，因此 FTC 是一种适合火星探测器进入段的姿态控制方案。一般来说，FTC 设计方法有两种：主动 FTC[56,99] 和被动FTC[55,57,100]。但是，在现有容错控制的文献中，对火星探测器进入段的研究工作比较少，这促进了本章研究工作的开展。另外，主动 FTC 需要利用故障诊断机制提供的故障估计信息来主动调整控制力度, 因此需要耗费更多的计算能力。被动 FTC 不需要准确的故障信息, 与其相比, 主动 FTC 更容易工程实现。因此, 本章提出一种在执行器部分失效的情况下, 火星探测器进入段被动容错姿态跟踪控制方案。

T-S 模糊理论提供了一种有效的数学方法用于描述非线性系统动力学[101-105], T-S 模糊理论本质上是非线性系统, 但是每条规则单独分析又是线性系统, 这种特征可以使稳定性分析和控制器设计更容易实施。此外, 它广泛应用于各种非线性系统, 如主动悬浮系统[106]、搅拌槽式反应器[107]、倒立摆系统[108] 等。目前, 基于 T-S 模糊理论的火星探测器进入段的姿态跟踪研究工作很少。

本节基于 T-S 模糊理论, 针对具有干扰和执行器部分失效的火星探测器进入段, 设计一种被动容错跟踪控制方案。首先, 将姿态动力系统分为慢子系统和快子系统。对于慢子系统, 类似于文献 [109] 中的方法, 采用动态反演方法生成角速度的参考信号。其次, 采用 T-S 模糊理论描述含慢子系统的角速度信号的快子系统。在此基础上, 采用模糊李雅普诺夫函数法, 提出一种新的鲁棒控制算法, 不仅能有效抑制干扰, 而且对部分失效的执行器具有很好的鲁棒性。最后, 通过一个算例验证该方法的有效性。

6.2 问 题 描 述

6.2.1 火星探测器模型

在文献 [109] 中, 火星探测器进入段模型描述为

$$
\begin{cases}
\dot{\sigma}(t) = \dfrac{1}{4} G(\sigma(t)) \Omega(t) \\
\dot{\Omega}(t) = -J^{-1} S(\Omega(t)) J \Omega(t) + J^{-1} u(t) + J^{-1} d_{\text{aero}}(t)
\end{cases}
\tag{6.1}
$$

其中, $\sigma(t) = [\sigma_1^{\mathrm{T}}(t), \sigma_2^{\mathrm{T}}(t), \sigma_3^{\mathrm{T}}(t)]^{\mathrm{T}} \in \mathbb{R}^3$ 是修正罗德里格参数向量; $G(\sigma(t)) \in \mathbb{R}^3$ 是非线性变换矩阵:

$$
G(\sigma(t)) = \frac{1 - \sigma^{\mathrm{T}}(t)\sigma(t)}{2} I_3 + \sigma(t)\sigma^{\mathrm{T}}(t) + 2S(\sigma(t))
\tag{6.2}
$$

$\Omega(t) = [\Omega_1(t), \Omega_2(t), \Omega_3(t)]^{\mathrm{T}} \in \mathbb{R}^3$ 是可测角速度向量; $S(\Omega(t)) \in \mathbb{R}^{3\times3}$ 是斜对称矩阵, 表示向量的外积运算; $J \in \mathbb{R}^3$ 是惯性矩阵:

$$
J = \begin{bmatrix} J_1 & 0 & 0 \\ 0 & J_2 & 0 \\ 0 & 0 & J_3 \end{bmatrix} = \begin{bmatrix} J_{xx} & 0 & 0 \\ 0 & J_{yy} & 0 \\ 0 & 0 & J_{zz} \end{bmatrix}
\tag{6.3}
$$

J_{xx}、J_{yy}、J_{zz} 分别是三轴旋转惯性矩阵；$u(t) = [u_1(t),\, u_2(t),\, u_3(t)] \in \mathbb{R}^3$ 是控制量；$d_{\mathrm{aero}}(t)$ 是外部干扰且属于 $l_2[0, \infty)$，满足 $\|d_{\mathrm{aero}}(t)\| \leqslant \delta$。

6.2.2 故障模型

类似于飞行器故障类型[56,68]，本章考虑的故障为执行器部分失效情况。$u_f(t)$ 用来描述执行器的控制信号：

$$u_f(t) = Fu(t) \tag{6.4}$$

其中，F 是控制有效性参数且满足

$$F = \mathrm{diag}\{f_1,\, f_2,\, \cdots,\, f_n\}, \quad f_i \in [\underline{f}_i\ \overline{f}_i], \quad i = 1, 2, \cdots, n,\ 0 \leqslant \underline{f}_i \leqslant \overline{f}_i \leqslant 1 \tag{6.5}$$

其中，f_i 是未知常数；$\underline{f}_i$、$\overline{f}_i$ 分别是 f_i 的下界和上界。为了简单起见，引入以下符号：

$$\hat{F} = \mathrm{diag}\{\hat{f}_1,\, \hat{f}_2,\, \cdots,\, \hat{f}_n\}, \quad \hat{J} = \mathrm{diag}\{\hat{j}_1,\, \hat{j}_2,\, \cdots,\, \hat{j}_n\}, \quad \hat{L} = \mathrm{diag}\{\hat{l}_1,\, \hat{l}_2,\, \cdots,\, \hat{l}_n\}$$

其中，

$$\hat{f}_i = \frac{1}{2}(\underline{f}_i + \overline{f}_i), \quad \hat{j}_i = \frac{\overline{f}_i - \underline{f}_i}{\overline{f}_i + \underline{f}_i}, \quad \hat{l}_i = \frac{f_i - \hat{f}_i}{\hat{f}_i}, \quad i = 1, 2, \cdots, n \tag{6.6}$$

可以得到

$$F = \hat{F}(I + \hat{L}), \quad |\hat{L}| \leqslant \hat{J} \leqslant I, \quad |\hat{L}| = \mathrm{diag}\{|\hat{l}_1|,\, |\hat{l}_2|,\, \cdots,\, |\hat{l}_n|\} \tag{6.7}$$

注解 6.1 $\underline{f}_i = \overline{f}_i = 1$ 表示第 i 个执行器不存在故障，$0 < f_i < 1$ 表示第 i 个执行器存在控制部分失效现象，$f_i = 0$ 表示第 i 个执行器存在故障，并且基于故障描述 (6.7)，执行器部分失效问题可以转换为不确定参数问题，这样可以很容易地解决后续控制器设计问题。

6.2.3 控制目标

执行器部分失效的火星探测器进入段模型可以进一步描述为

$$\dot{\sigma}(t) = \frac{1}{4}G(\sigma(t))\Omega(t) \tag{6.8}$$

$$\dot{\Omega}(t) = -J^{-1}S(\Omega(t))J\Omega(t) + J^{-1}Fu(t) + J^{-1}d_{\mathrm{aero}}(t) \tag{6.9}$$

本章的目标是设计一个容错控制器 $u(t)$，使得式 (6.8) 和式 (6.9) 的 $\sigma(t)$、$\Omega(t)$ 可以跟踪给定参考轨迹 $\sigma_d(t)$ 和执行器部分失效下的角速度 $\Omega_d(t)$。

6.3　主　要　结　果

为了避免设计过程的复杂性，设式 (6.8) 和式 (6.9) 分别为慢子系统和快子系统。慢子系统和快子系统分别由姿态动力学和角速度动力学构成。

6.3.1　慢子系统控制器设计

慢子系统[110] 描述为

$$\dot{\sigma}(t) = \frac{1}{4}G(\sigma(t))\Omega_d(t) \tag{6.10}$$

其中，$\Omega_d(t)$ 是控制量。定义姿态跟踪误差为 $e_\sigma(t) = \sigma(t) - \sigma_d(t)$，选取矩阵 K_1 和 K_2 满足

$$\dot{e}_\sigma(t) + K_1 e_\sigma(t) + K_2 \int e_\sigma(t)\mathrm{d}t = 0 \tag{6.11}$$

采用文献 [111] 的反推方法，期望姿态 $\Omega_d(t)$ 可描述为

$$\Omega_d(t) = 4G^{-1}(\sigma(t))\left(\dot{\sigma}_d(t) - K_1 e_\sigma(t) - K_2 \int e_\sigma(t)\mathrm{d}t\right) \tag{6.12}$$

6.3.2　快子系统控制器设计

需要指出的是，快子系统直接与控制量 $u(t)$ 相关，因此设计控制量 $u(t)$ 满足 $\lim\limits_{t\to\infty}(\Omega(t) - \Omega_d(t)) = 0$。基于此，选取角速度向量为火星探测器进入段的输出：

$$\begin{cases} \dot{\Omega}(t) = A(\Omega(t))\Omega(t) + J^{-1}Fu(t) + J^{-1}d_{\mathrm{aero}}(t) \\ y(t) = C\Omega(t) \end{cases} \tag{6.13}$$

其中，

$$A(\Omega(t)) = \begin{bmatrix} 0 & 0 & c_2\Omega_2(t) \\ c_3\Omega_3(t) & 0 & 0 \\ 0 & c_1\Omega_1(t) & 0 \end{bmatrix}, \quad C = I_{3\times3} \tag{6.14}$$

这里，$c_1 = J_3^{-1}(J_1 - J_2)$，$c_2 = J_1^{-1}(J_2 - J_3)$，$c_3 = J_2^{-1}(J_3 - J_1)$。采用 T-S 模糊理论来逼近非线性快子系统 (6.13)。此外，系统状态 $\Omega_i(t)\,(i = 1,2,3)$ 被选取为前提变量，在进入火星大气层阶段时，假设 $\Omega_i(t)$ 有界，也就是

$$\Omega_i(t) \in [d_i, D_i] \tag{6.15}$$

其中，$d_i < 0$、$D_i > 0$ 是 $\Omega_i(t)\,(i = 1, 2, 3)$ 的上下界。$\Omega_i(t)$ 对应的隶属度函数定义[109] 如下：

$$\begin{cases} \mathrm{MB}_{i1}(\Omega_i(t)) = \dfrac{D_i - \Omega_i(t)}{D_i - d_i} \\[3mm] \mathrm{MB}_{i2}(\Omega_i(t)) = \dfrac{\Omega_i(t) - d_i}{D_i - d_i} \end{cases} \tag{6.16}$$

那么非线性快子系统 (6.13) 可以用以下 3 个模糊规则表示。

模糊规则 1　若 $\Omega_1(t)$ 是 $\mathrm{MB}_{1j}(\Omega_1(t))$，$\Omega_2(t)$ 是 $\mathrm{MB}_{2k}(\Omega_2(t))$，$\Omega_3(t)$ 是 $\mathrm{MB}_{3l}(\Omega_3(t))$，那么

$$\begin{cases} \dot{\Omega}(t) = A_i\Omega(t) + B_iFu(t) + B_id_{\mathrm{aero}}(t) \\[2mm] y(t) = C_i\Omega(t) \end{cases} \tag{6.17}$$

其中，

$$A_i = \begin{bmatrix} 0 & 0 & c_2\alpha_{2k} \\ c_3\alpha_{3l} & 0 & 0 \\ 0 & c_1\alpha_{1j} & 0 \end{bmatrix}, \quad B_i = J^{-1}, \quad C_i = I_{3\times 3}$$

且 $j, k, l = 1, 2$，$i = l + 2(k-1) + 4(j-1)\,(i = 1, 2, \cdots, 8)$。于是，快子系统 (6.13) 的模糊模型形式为

$$\begin{cases} \dot{\Omega}(t) = \displaystyle\sum_{i=1}^{8} h_i(\Omega(t))\left(A_i\Omega(t) + B_iFu(t) + B_id_{\mathrm{aero}}(t)\right) \\[4mm] y(t) = \displaystyle\sum_{i=1}^{8} h_i(\Omega(t))C_i\Omega(t) \end{cases} \tag{6.18}$$

其中，$h_i(\Omega(t))$ 满足

$$\begin{cases} h_i(\Omega(t)) = \mu_i(\Omega(t)) \Big/ \displaystyle\sum_{i=1}^{8} \mu_i(\Omega(t)) \\[4mm] \mu_i(\Omega(t)) = \mathrm{MB}_{1j}(\Omega_1(t)) \cdot \mathrm{MB}_{2k}(\Omega_2(t)) \cdot \mathrm{MB}_{3l}(\Omega_3(t)) \end{cases} \tag{6.19}$$

为了简单起见，定义 $h_i(\Omega(t))$ 为 h_i。根据文献 [68] 中的方法，控制器的跟踪误差积分可以有效消除稳态跟踪误差。因此，选择跟踪误差积分 $\xi(t) = \displaystyle\int_0^t e(s)\mathrm{d}s$，其中

$$e(t) = \Omega_d(t) - C\Omega(t) \tag{6.20}$$

令 $\eta(t) = [\xi^{\mathrm{T}}(t),\ \Omega^{\mathrm{T}}(t)]^{\mathrm{T}}$，考虑系统 (6.18) 和 $\xi(t)$ 的形式，可得到以下增广系统：

$$\dot{\eta}(t) = \sum_{i=1}^{8} h_i \left(\mathcal{A}_i \eta(t) + \mathcal{B}_i F u(t) + \mathcal{B}_{i\Omega} \varpi(t) \right) \tag{6.21}$$

其中，

$$\mathcal{A}_i = \begin{bmatrix} 0 & -C_i \\ 0 & A_i \end{bmatrix}, \quad \mathcal{B}_i = \begin{bmatrix} 0 \\ B_i \end{bmatrix}, \quad \mathcal{B}_{i\Omega} = \begin{bmatrix} I & 0 \\ 0 & B_i \end{bmatrix}$$

$$\varpi(t) = [\Omega_d^{\mathrm{T}}(t) \quad d_{\mathrm{aero}}^{\mathrm{T}}(t)]^{\mathrm{T}}$$

然后，在此基础上考虑设计如下状态反馈模糊控制器。

模糊规则 2　若 $\Omega_1(t)$ 是 $\mathrm{MB}_{1j}(\Omega_1(t))$，$\Omega_2(t)$ 是 $\mathrm{MB}_{2k}(\Omega_2(t))$，$\Omega_3$ 是 $\mathrm{MB}_{3l}(\Omega_3(t))$，有

$$u(t) = -K_j \eta(t) \tag{6.22}$$

其中，$K_j(j = 1, 2, \cdots, 8)$ 是控制增益。控制器描述为

$$u(t) = -\sum_{i=1}^{8} h_i K_i \eta(t) \tag{6.23}$$

然后，闭环模糊快子系统可以表示为

$$\dot{\eta}(t) = \sum_{i=1}^{8} \sum_{j=1}^{8} h_i h_j \left[(\mathcal{A}_i - \mathcal{B}_i F K_j) \eta(t) + \mathcal{B}_{i\Omega} \varpi(t) \right] \tag{6.24}$$

显然，考虑的问题可以进一步转换为：设计 $u(t)$ 使闭环模糊系统 (6.24) 在 $\varpi(t) = 0$ 的情况下渐近稳定，这意味着 $\lim\limits_{t \to \infty} (\Omega(t) - \Omega_d(t)) = 0$。当 $\varpi(t) \neq 0$ 时，$\|\eta(t)\|_2 < \gamma \|\varpi(t)\|_2$ 成立。

另外，为了避免隶属函数的时间导数，考虑以下李雅普诺夫函数[112]：

$$V(\eta(t)) = 2 \int_{\Gamma(0,\eta(t))} f(\psi) \mathrm{d}\psi \tag{6.25}$$

其中，$\Gamma(0, \eta(t))$ 表示一个路径从原点到当前状态 $\eta(t)$；$\psi \in \mathbb{R}^6$ 表示积分的虚拟向量；$\mathrm{d}\psi \in \mathbb{R}^6$ 表示无穷小位移矢量；$f(\eta(t)) \in \mathbb{R}^6$ 表示状态 $\eta(t)$ 的一个矢量函数，与对象规则具有相同的模糊规则，如下所示。

模糊规则 3 若 $\Omega_1(t)$ 是 $\mathrm{MB}_{1j}(\Omega_1(t))$，$\Omega_2(t)$ 是 $\mathrm{MB}_{2k}(\Omega_2(t))$，$\Omega_3$ 是 $\mathrm{MB}_{3l}(\Omega_3(t))$，有

$$f(\eta(t)) = \hat{P}_i \eta(t) \tag{6.26}$$

其中，$\hat{P}_i \in \mathbb{R}^{6\times6}$ 是一个正定对称矩阵，满足

$$\hat{P}_i = P + D_i \tag{6.27}$$

$$P = \begin{bmatrix} 0 & p_{12} & \cdots & p_{16} \\ p_{12} & 0 & \cdots & p_{26} \\ \vdots & \vdots & & \vdots \\ p_{16} & p_{26} & \cdots & 0 \end{bmatrix}, \quad D_i = \begin{bmatrix} d_{11}^i & 0 & \cdots & 0 \\ 0 & d_{22}^i & \cdots & 0 \\ \vdots & \vdots & & \vdots \\ 0 & 0 & \cdots & d_{66}^i \end{bmatrix} \tag{6.28}$$

上述模糊向量可以改写为

$$f(\eta(t)) = \sum_{i=1}^{8} h_i \hat{P}_i \eta(t) \tag{6.29}$$

含模糊向量 $f(\eta(t))$ 的 $V(\eta(t))$ 是一个李雅普诺夫函数，也被应用到文献[105]。基于构造的李雅普诺夫函数 (6.29)，可以得到以下定理。

定理 6.1 如果存在矩阵 Ψ_1、Ψ_2、P 和 D_i 满足式 (6.28)，使得下列不等式成立：

$$P + D_i > 0, \quad i = 1, 2, \cdots, 8 \tag{6.30}$$

$$\Omega_{ii} < 0, \quad i = 1, 2, \cdots, 8 \tag{6.31}$$

$$\Omega_{ij} + \Omega_{ji} < 0, \quad i < j, \ i, j = 1, 2, \cdots, 8 \tag{6.32}$$

其中，

$$\Omega_{ij} = \begin{bmatrix} -\Psi_1(\mathcal{A}_i - \mathcal{B}_i FK_j) - (\mathcal{A}_i - \mathcal{B}_i FK_j)^{\mathrm{T}}\Psi_1^{\mathrm{T}} + I & * & * \\ P + D_i - \Psi_2(\mathcal{A}_i - \mathcal{B}_i FK_j) + \Psi_1^{\mathrm{T}} & \Psi_2 + \Psi_2^{\mathrm{T}} & * \\ \mathcal{B}_{i\Omega}^{\mathrm{T}}\Psi_1^{\mathrm{T}} & \mathcal{B}_{i\Omega}^{\mathrm{T}}\Psi_2^{\mathrm{T}} & -\gamma^2 I \end{bmatrix} \tag{6.33}$$

则闭环模糊系统 (6.24) 是渐近稳定的且满足性能指标 γ。

证明 选取正定李雅普诺夫函数，如式 (6.25) 的 $V(\eta(t))$。基于李导数[112] 得到

$$\dot{V}(\eta(t)) = \nabla V(\eta(t))\dot{\eta}(t) = 2f^{\mathrm{T}}(\eta(t))\dot{\eta}(t) = 2\sum_{i=1}^{8} h_i \eta^{\mathrm{T}}(t)\hat{P}_i \dot{\eta}(t) \tag{6.34}$$

其中，$\nabla V(\eta(t)) = \partial V(\eta(t))/\partial \eta(t)$；$\hat{P}_i = P + D_i$。$P$、$D_i$ 的定义见式 (6.28)。由

$$2(\eta^{\mathrm{T}}(t)\Psi_1 + \dot{\eta}^{\mathrm{T}}(t)\Psi_2)\left\{\dot{\eta}(t) - \sum_{i=1}^{8}\sum_{j=1}^{8}h_i h_j\big[(\mathcal{A}_i - \mathcal{B}_i F K_j)\eta(t)\right.$$

$$\left. + \mathcal{B}_{i\Omega}\varpi(t)\big]\right\} = 0 \tag{6.35}$$

得到

$$\dot{V}(\eta(t)) + \eta^{\mathrm{T}}(t)\eta(t) - \gamma^2\varpi^{\mathrm{T}}(t)\varpi(t)$$

$$\leqslant \sum_{i=1}^{8}\sum_{j=1}^{8}h_i h_j\big\{\dot{\eta}^{\mathrm{T}}(t)(P + D_i)\eta(t) + \eta^{\mathrm{T}}(t)(P + D_i)\dot{\eta}(t) + \eta^{\mathrm{T}}(t)\eta(t)$$

$$- \gamma^2\varpi^{\mathrm{T}}(t)\varpi(t) + 2(\eta^{\mathrm{T}}(t)\Psi_1 + \dot{\eta}^{\mathrm{T}}(t)\Psi_2)\big[\dot{\eta}(t)$$

$$- (\mathcal{A}_i - \mathcal{B}_i F K_j)\eta(t) + \mathcal{B}_{i\Omega}\varpi(t)\big]\big\}$$

$$= \sum_{i=1}^{8}\sum_{j=1}^{8}h_i h_j \xi^{\mathrm{T}}(t)\Omega_{ij}\xi(t)$$

$$= \xi^{\mathrm{T}}(t)\left[\sum_{i=1}^{8}h_i^2\Omega_{ii} + \sum_{i=1}^{8}\sum_{i<j}^{8}h_i h_j(\Omega_{ij} + \Omega_{ji})\right]\xi(t) \tag{6.36}$$

其中，$\xi(t) = \big[\eta^{\mathrm{T}}(t), \dot{\eta}^{\mathrm{T}}(t), \varpi^{\mathrm{T}}(t)\big]^{\mathrm{T}}$；$\Omega_{ij}$ 由式 (6.33) 定义。基于式 (6.31) 和式 (6.32) 得到

$$\dot{V}(\eta(t)) + \eta^{\mathrm{T}}(t)\eta(t) - \gamma^2\varpi^{\mathrm{T}}(t)\varpi(t) < 0 \tag{6.37}$$

当 $\varpi(t) = 0$ 时，由不等式 (6.37) 可知，$\dot{V}(\eta(t)) < 0$，于是系统 (6.24) 是渐近稳定的。当 $\Omega(t) \neq 0$ 时，对式 (6.37) 求积分得到

$$V(\eta(t)) - V(0) + \int_0^t \eta^{\mathrm{T}}(s)\eta(s)\mathrm{d}s - \int_0^t \gamma^2\varpi^{\mathrm{T}}(s)\varpi(s)\mathrm{d}s < 0 \tag{6.38}$$

令 $t \to \infty$，在零初始条件下得到

$$\int_0^\infty \eta^{\mathrm{T}}(s)\eta(s)\mathrm{d}s < \int_0^\infty \gamma^2\varpi^{\mathrm{T}}(s)\varpi(s)\mathrm{d}s \tag{6.39}$$

即 $\|\eta(t)\|_2 < \gamma\|\varpi(t)\|_2$。证毕。

注解6.2　当在 D_i 中的对角元素选取与每个 i 一致时，如 $d_{nn}^1 = d_{nn}^2 = \cdots = d_{nn}^l$ $(n = 1, 2, \cdots, 6)$，函数 $V(\eta(t))$ 变成传统的二次型李雅普诺夫函数。这表明传统二次型李雅普诺夫函数是本章提出的李雅普诺夫函数的一个特例。

注解6.3　定理 6.1 引入了自由权矩阵 Ψ_1 和 Ψ_2，它们分离了李雅普诺夫函数矩阵 $\hat{P}_i$ 与 $\mathcal{A}_i$、$\mathcal{B}_i$、$\mathcal{B}_i$、$\mathcal{B}_{i\Omega}$，也就是说，没有任何项包含 $\hat{P}_i$ 与它们的乘积，这样可以在选取控制器增益时具有更好的灵活性。

注意到定理 6.1 不是严格的线性矩阵不等式形式，为了得到控制器增益 K_j 的可行解，可以进一步得到以下定理。

定理6.2　对于给定的标量 λ，如果存在一个标量 $\varepsilon > 0$，对角矩阵 Γ，任意矩阵 $\bar{P}$、$\bar{D}_i$ 和 S_j，使下列线性矩阵不等式成立：

$$\bar{P} + \bar{D}_i > 0, \quad i = 1, 2, \cdots, 8 \tag{6.40}$$

$$\bar{\Omega}_{ii} < 0, \quad i = 1, 2, \cdots, 8 \tag{6.41}$$

$$\bar{\Omega}_{ij} + \bar{\Omega}_{ji} < 0, \quad i < j, \ i, j = 1, 2, \cdots, 8 \tag{6.42}$$

其中，

$$\bar{\Omega}_{ij} = \begin{bmatrix} -\mathcal{A}_i\Gamma + \mathcal{B}_i\hat{F}S_j - \Gamma^{\mathrm{T}}\mathcal{A}_i^{\mathrm{T}} + S_j^{\mathrm{T}}\hat{F}^{\mathrm{T}}\mathcal{B}_i^{\mathrm{T}} & * & * & * & * & * \\ \bar{P} + \bar{D}_i - \lambda\mathcal{A}_i\Gamma + \lambda\mathcal{B}_i\hat{F}S_j + \Gamma^{\mathrm{T}} & \lambda\Gamma^{\mathrm{T}} + \lambda\Gamma & * & * & * & * \\ \mathcal{B}_{i\Omega}^{\mathrm{T}} & \lambda\mathcal{B}_{i\Omega}^{\mathrm{T}} & -\gamma^2 I & * & * & * \\ \Gamma & 0 & 0 & -I & * & * \\ \varepsilon\hat{F}^{\mathrm{T}}\mathcal{B}_i^{\mathrm{T}} & \varepsilon\lambda\hat{F}^{\mathrm{T}}\mathcal{B}_i^{\mathrm{T}} & 0 & 0 & -I & * \\ S_j & 0 & 0 & 0 & 0 & -\varepsilon I \end{bmatrix}$$

$\bar{P}$ 和 $\bar{D}_i$ 与式 (6.28) 形式一致。那么，闭环模糊系统 (6.24) 是渐近稳定的且满足性能指标 γ。因此，控制器增益为 $K_j = S_j\Gamma^{-1}$。

证明　基于舒尔补引理，式 (6.41) 和式 (6.42) 等价于

$$\hat{\Omega}_{ii} + \epsilon WW^{\mathrm{T}} + \epsilon^{-1}E^{\mathrm{T}}E < 0, \quad i = 1, 2, \cdots, 8$$

$$\hat{\Omega}_{ij} + \epsilon WW^{\mathrm{T}} + \epsilon^{-1}E^{\mathrm{T}}E + \hat{\Omega}_{ji} + \epsilon WW^{\mathrm{T}} + \epsilon^{-1}E^{\mathrm{T}}E < 0,$$

$$i < j, \ i, j = 1, 2, \cdots, 8$$

其中，

$$\hat{\Omega}_{ij} = \begin{bmatrix} -\mathcal{A}_i\Gamma + \mathcal{B}_i\hat{F}S_j - \Gamma^{\mathrm{T}}\mathcal{A}_i^{\mathrm{T}} + S_j^{\mathrm{T}}\hat{F}^{\mathrm{T}}\mathcal{B}_i^{\mathrm{T}} & * & * & * \\ \bar{P} + \bar{D}_i - \lambda(\mathcal{A}_i\Gamma - \mathcal{B}_i\hat{F}S_j) + \Gamma^{\mathrm{T}} & \lambda\Gamma^{\mathrm{T}} + \lambda\Gamma & * & * \\ \mathcal{B}_{i\Omega}^{\mathrm{T}} & \lambda\mathcal{B}_{i\Omega}^{\mathrm{T}} & -\gamma^2 I & * \\ \Gamma & 0 & 0 & -I \end{bmatrix}$$

$$W = \begin{bmatrix} \mathcal{B}_i\hat{F} \\ \lambda\mathcal{B}_i\hat{F} \\ 0 \\ 0 \end{bmatrix}, \quad E = \begin{bmatrix} S_j & 0 & 0 & 0 \end{bmatrix}$$

$$(6.43)$$

基于文献 [100] 的方法，对于任意矩阵 W、E 和 $\mathcal{L}$，若 $\|\mathcal{L}\| < I$，则存在标量 $\epsilon > 0$ 满足

$$W\mathcal{L}E + E^{\mathrm{T}}\mathcal{L}^{\mathrm{T}}W^{\mathrm{T}} \leqslant \epsilon WW^{\mathrm{T}} + \epsilon^{-1}E^{\mathrm{T}}E \tag{6.44}$$

需要指出的是，$F = \hat{F} + \hat{F}\mathcal{L}$，$\|\mathcal{L}\| < I$ 在式 (6.7) 已定义，那么得到

$$\bar{\Omega}_{ii} < 0, \quad i = 1, 2, \cdots, 8 \tag{6.45}$$

$$\bar{\Omega}_{ij} + \bar{\Omega}_{ji} < 0, \quad i < j, \ i, j = 1, 2, \cdots, 8 \tag{6.46}$$

其中，

$$\bar{\Omega}_{ij} = \begin{bmatrix} -\mathcal{A}_i\Gamma + \mathcal{B}_iFS_j - \Gamma^{\mathrm{T}}\mathcal{A}_i^{\mathrm{T}} + S_j^{\mathrm{T}}F^{\mathrm{T}}\mathcal{B}_i^{\mathrm{T}} & * & * & * \\ \bar{P} + \bar{D}_i - \lambda(\mathcal{A}_i\Gamma - \mathcal{B}_iFS_j) + \Gamma^{\mathrm{T}} & \lambda\Gamma^{\mathrm{T}} + \lambda\Gamma & * & * \\ \mathcal{B}_{i\Omega}^{\mathrm{T}} & \lambda\mathcal{B}_{i\Omega}^{\mathrm{T}} & -\gamma^2 I & * \\ \Gamma & 0 & 0 & -I \end{bmatrix} \tag{6.47}$$

在式 (6.45) 和式 (6.46) 两边左乘 $\mathrm{diag}\{\Gamma^{-\mathrm{T}}, \Gamma^{-\mathrm{T}}, I, I\}$，再右乘 $\mathrm{diag}\{\Gamma^{-1}, \Gamma^{-1}, I, I\}$，定义 $\Gamma^{-\mathrm{T}} = \Psi_1$、$\lambda\Gamma^{-\mathrm{T}} = \Psi_2$、$\Gamma^{-\mathrm{T}}\bar{P}\Gamma^{-1} = P$、$\Gamma^{-\mathrm{T}}\bar{D}_i\Gamma^{-1} = D_i$、$S_j\Gamma^{-1} = K_j$，可知不等式 (6.31)、式 (6.32) 成立。于是，基于定理 6.1，闭环模糊系统 (6.24) 是渐近稳定的且满足性能指标 γ。证毕。

6.4　仿真研究

在本节中，将使用一个示例来说明控制方案的有效性。参考姿态轨道和火星大气密度模型来自文献 [109]。初始条件 $\sigma(0) = [0.3670, 0.1480, -0.1493]$，$\Omega(0) =$

$[0.1000, 0.2000, -0.1000]\mathrm{rad/s}$。MEV 的参数选取为 $J_{xx} = 2983\mathrm{kg}\cdot\mathrm{m}^2$、$J_{yy} = 4909\mathrm{kg}\cdot\mathrm{m}^2$、$J_{zz} = 5683\mathrm{kg}\cdot\mathrm{m}^2$，角速度 $\Omega_1(t)\in[-5,5]\mathrm{rad/s}$、$\Omega_2(t)\in[-5,5]\mathrm{rad/s}$、$\Omega_3(t)\in[-5,5]\mathrm{rad/s}$，考虑干扰为

$$d_{\mathrm{aero1}}(t) = 2\times 10^2 \times \mathrm{e}^{-0.1t}\times\sin(1.5t)$$

$$d_{\mathrm{aero2}}(t) = 2\times 10^2 \times \mathrm{e}^{-0.1t}\times\sin\left(1.5t+\frac{\pi}{2}\right)$$

$$d_{\mathrm{aero3}}(t) = 2\times 10^2 \times \mathrm{e}^{-0.1t}\times\cos(1.5t)$$

增益矩阵选为 $K_1 = [2,2,2]$、$K_2 = [0.01,0.01,0.01]$。图 6.1 为参考姿态轨迹。

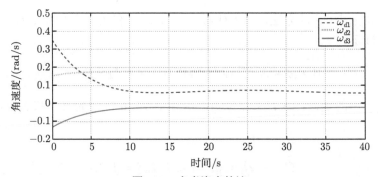

图 6.1　参考姿态轨迹

1. 正常运行状态

当失效因子 $\underline{f}_1 = \overline{f}_1 = 1$、$\underline{f}_2 = \overline{f}_2 = 1$、$\underline{f}_3 = \overline{f}_3 = 1$，即没有执行器故障时，角速度的跟踪误差响应如图 6.2 所示，包括无干扰和有干扰两部分。从图中可以清楚地看出，干扰的存在将导致跟踪误差响应的振荡。

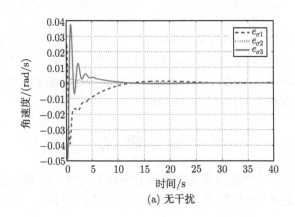

(a) 无干扰

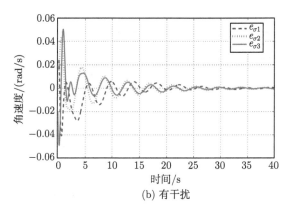

(b) 有干扰

图 6.2　姿态跟踪误差

2. 执行器部分失效情况

在这种情况下，所有三个执行机构都处于部分失效状态。失效因子为

$$\underline{f}_1 = 0.4, \quad \overline{f}_1 = 0.7$$

$$\underline{f}_2 = 0.5, \quad \overline{f}_2 = 0.8$$

$$\underline{f}_3 = 0.4, \quad \overline{f}_3 = 0.6$$

每个执行器的运行状况级别由以下函数生成：

$$f_i(t) = 0.5(\overline{f}_i - \underline{f}_i)[1 + 0.5\text{rand}(t_i)(1 + \sin t)] + \underline{f}_i$$

其中，$\text{rand}(t_i)$ 每 0.5s 生成一个 $0 \sim 1$ 的随机数并保存其值，此方法类似于文献 [109] 中的方法，如图 6.3 所示。

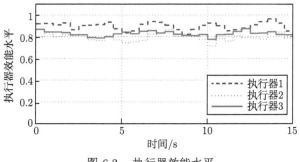

图 6.3　执行器效能水平

图 6.4 显示了执行器部分失效情况下的角速度跟踪响应。

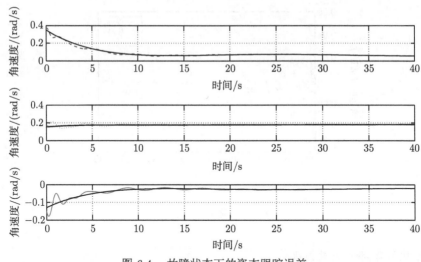

图 6.4　　故障状态下的姿态跟踪误差

因此，从图 6.3 和图 6.4 中可以看出，在本章提出的容错控制器下，跟踪性能是可以得到保证的。

6.5　本 章 小 结

针对具有干扰和执行器故障的探测器姿态控制系统，本章提出了一种姿态容错跟踪控制方法。将火星探测器进入段的初始姿态动力学分为两个子系统。将动态反推方法应用于慢子系统得到角速度参考信号，再将其作为输入作用到快子系统。在快子系统中，考虑干扰和执行器部分失效的情况，设计了一个基于 T-S 模型的模糊跟踪控制器。该控制器设计简单，能保证含故障闭环系统的稳定性。最后，仿真结果验证了本章所提方法的有效性。

第 7 章　含恒功率负载的 DC-DC buck
变换器自适应无源控制

本章主要研究含恒功率负载的 DC-DC buck 变换器系统电压调节问题。该问题有两个难点：首先，恒功率负载的存在使得变换器的平均模型描述为一个非线性系统，对其设计高性能控制器变得很困难；其次，在实际应用中很难准确测量负载功率参数，无法直接获得该参数的精确信息。鉴于此，本章采用无源性和浸入与不变理论设计自适应无源控制器来调节 DC-DC buck 变换器输出电压。最后，通过仿真和实验结果验证所提出方法的优越性。

7.1　引　　言

在电力分配系统中，需要调节前级输出端和负载端之间的电压以满足实际工程需求[113]。DC-DC buck 变换器作为一种传统的直流变换器，具有电路拓扑简单、易实现和成本低等优势，在电力分配系统中得到了广泛应用。图 7.1 为一个典型智能微电网结构，由各种可再生的分布式电源、不可再生的分布式发电装置、储能设备、不同类型的微电网负荷、电力电子变换系统、保护电路、控制系统、通信系统组成，通过一个公共耦合点 (point of common coupling, PCC) 与外部电网互连。微电网系统对电压控制精度的要求非常高，所以对电力电子变换系统的控制性能也提出了新的要求。为了进一步提高整个电力系统的动态响应和抗干扰能力，需对系统中的各个环节进行高性能控制，而 DC-DC buck 变换器作为其中一个重要的功率处理单元，它的控制问题就变得至关重要。国内外学者针对 DC-DC buck 变换器的控制问题进行了深入分析和研究，但是许多研究成果都假设该变换器工作在标准电阻负载下，未考虑后级系统对该变换器负载端的影响。在标准电阻负载下，该变换器的平均模型是一个线性系统，因此其控制问题较为容易。然而，在实际电力系统中，DC-DC buck 变换器通常并不是工作在这样一个标准电阻负载下，即变换器的负载系统不再简单地建模为一个标准电阻，而更为准确的表述为恒功率负载 (constant power load, CPL)[114-117]。通常，电力电子变换系统的高性能控制主要受到以下三个方面因素的影响：

(1) 被控对象模型参数不确定。当电路长时间运行或外界环境发生变化时，电阻、电容和电感等器件的参数存在摄动，这不可避免地会降低系统的控制性能[118-120]。在这种情形下，如果还采用预定的控制策略对系统进行控制，就有可能引起系统抖动，增加过渡时间，甚至会引起系统不稳定，从而损坏系统硬件设备。

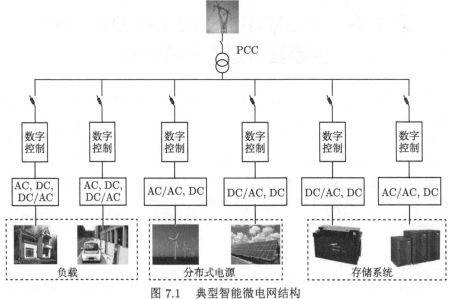

图 7.1　典型智能微电网结构

(2) 非线性特性。从传统的几种变换器平均模型可知，电力电子变换器系统多为非线性系统，为其设计高性能控制器面临不小的挑战[121]。虽然可以采用局部线性化方法将非线性系统控制问题转换为线性系统控制问题来处理，但是由于该线性化方法是在平衡点附近做出近似，所以仅能给出在这一点邻域内非线性系统的局部特性，而不能表征在远离工作点的非局部特性。因此，虽然其简化了控制器的设计过程，但是系统的控制性能并不理想[122,123]。

(3) 恒功率负载特性。在电源分配系统中，经常包含多个 DC-DC 变换器以级联形式相互连接，以此满足实际工程需求[124,125]。图 7.2 是常用的 DC-DC 变换器级联系统，常见于新能源系统、微电网系统和开关电源等场合[126]。由图 7.2

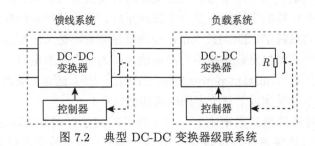

图 7.2　典型 DC-DC 变换器级联系统

可知，级联系统实际上由两个子系统构成，将前级 DC-DC 变换器称为馈线系统，目的是输出恒定电压，将后级 DC-DC 变换器和标准电阻负载组成的整个系统称为负载系统。若将馈线系统的输出电压维持在期望值不变，且负载电阻 R 保持恒定，则可以得出馈线系统的输出功率保持不变，因此可以把负载系统当作前级馈线系统的一个恒功率负载。恒功率负载的存在给原系统增加了一个新的非线性特性。

图 7.3 为一个典型 DC-AC 变换器级联系统，其在电力分配系统中比较常见，如光伏发电和风能发电后并入电网的场合。同样地，把前级中的 DC-DC 变换器称为馈线系统，为后级系统提供稳定电压；将后级 DC-AC 逆变器和负载统称为负载系统。假设负载为电机，则当转速一定时，电机输出功率也是一定的，从馈线系统的负载端看，其输出功率也保持不变。因此，在这种情况下负载系统仍然可以看作馈线系统的恒功率负载。

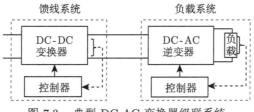

图 7.3　典型 DC-AC 变换器级联系统

在伏安平面中，可以将恒功率负载刻画为一个一三象限的双曲线[127]。从图 7.4 中可以看出，当恒功率负载的两端电压增大时，其电流相应地减小；当电压减小时，电流相应地增大。

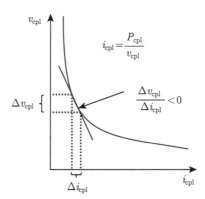

图 7.4　恒功率负载伏安特性曲线

如图 7.5 所示，可以将恒功率负载建模为

$$i_{\mathrm{cpl}} = \frac{P_{\mathrm{cpl}}}{v_{\mathrm{cpl}}} \tag{7.1}$$

其中，i_{cpl} 为电流；v_{cpl} 为输出电压；P_{cpl} 为恒功率负载。通过选取适当的工作点电压 V_{cpl}，得到电流的变化率为

$$\frac{\partial i_{\mathrm{cpl}}}{\partial v_{\mathrm{cpl}}} = -\frac{P_{\mathrm{cpl}}}{V_{\mathrm{cpl}}^2} \tag{7.2}$$

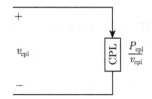

图 7.5　恒功率负载大信号模型

在该工作点附近，可以将恒功率负载的伏安特性曲线近似为与之相切的一条直线：

$$i_{\mathrm{cpl}} = -\frac{P_{\mathrm{cpl}}}{V_{\mathrm{cpl}}^2} v_{\mathrm{cpl}} + 2\frac{P_{\mathrm{cpl}}}{V_{\mathrm{cpl}}} \tag{7.3}$$

注意到系统 (7.3) 是恒功率负载的小信号模型。如图 7.6 所示，可以用一个负阻抗电阻 $\left(R_{\mathrm{cpl}} = -\dfrac{P_{\mathrm{cpl}}}{V_{\mathrm{cpl}}^2}\right)$ 和一个并联电流源 $\left(I_{\mathrm{cpl}} = 2\dfrac{P_{\mathrm{cpl}}}{V_{\mathrm{cpl}}}\right)$ 来表示这个小信号模型。在小信号模型中电流源不会影响系统的稳定性，但是负阻抗将会减小系统的等效阻尼使得系统的稳定性边界变小。含恒功率负载的系统在开环控制作用下，负阻抗特性使得系统不稳定。表 7.1 归纳了恒功率负载给电源分配系统带来的不利因素。

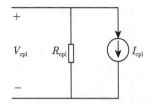

图 7.6　恒功率负载小信号模型

表 7.1　恒功率负载给电力分配系统带来的不利影响

序号	由恒功率负载带来的不利影响
1	减小系统的等效阻尼
2	当电压从初始值缓慢升高时，存在较大的涌浪电流
3	减小系统的稳定性边界
4	系统的电压和电流存在极限环振荡现象
5	可能导致电压崩溃

对于智能微电网系统，恒功率负载的存在会使得系统的并网电压产生低频振荡，甚至不稳定，因此研究如何补偿负阻抗特性变得非常关键[125,128,129]。目前，人们已经针对这个问题的分析、建模和控制开展了研究，并取得了不少成果。由上述对恒功率负载的建模分析可知，为了抑制其带来的不利影响，可以通过加入额外的无源器件或虚拟阻尼来增大系统的等效阻尼使得系统具有正阻尼，从而实现电压控制的目的[130]。通常将补偿措施按照其作用方式不同划分为无源阻尼技术和主动阻尼技术两类，无源阻尼技术是指作用在实际硬件电路中的补偿措施，而主动阻尼技术是指作用在控制环节中的补偿措施，下面将介绍两类处理技术。

1. 无源阻尼技术

在无源阻尼 (passive damping) 技术中，为了补偿由恒功率负载产生的负阻抗特性，在实际电路中加入额外的无源器件，如电阻、阻感负载、阻容负载等，以抵消负阻抗特性，从而使得系统具有正阻尼，解决恒功率负载作用下电力系统电压控制的问题。文献 [131] 针对几种传统的变换器系统采用此方案有效补偿了负阻抗特性，然而该方案的缺陷是使电路的体积和重量增加，同时也使得成本升高，并且所加入的无源器件会消耗能量，这将不可避免地降低系统的效率。虽然在实际应用中可以采用无损耗电阻来降低损耗，但是仍存在电路的复杂性增加和高成本等问题。

2. 主动阻尼技术

下面列出几种主动阻尼技术。

1) 有源阻尼技术

有源阻尼 (active damping) 技术的主要思想是在系统的控制结构中加入一些环节实现在电路中串联或并联电阻的阻尼效果，从而达到抵消负阻抗特性的目的。文献 [132] 和 [133] 针对变换器系统采用有源阻尼技术，在电感所在分路串接一个虚拟电阻，实际上是在控制环节加入一个补偿项，从而增加了系统的等效阻尼，并且采用局部线性化技术，以实现对于含恒功率负载 DC-DC 变换器的输出电压的控制。与无源阻尼技术相比，该技术的优点在于不会增加电路的体积和复杂性。

2) 反馈线性化技术

变换器工作在恒功率负载下，采用反馈线性化技术的关键仍是找到一组合适的坐标变换，使得系统的非线性项可以在输入通道内被完全消除，从而针对线性系统进行控制器设计。文献 [134]、[135] 采用反馈线性化技术实现了对含恒功率负载 DC-DC 变换器的电压控制。与有源阻尼技术相比，反馈线性化技术可以补偿任意数值的恒功率负载且可以保证闭环系统的大信号稳定性。然而系统中可能存在参数摄动，导致非线性项抵消不完全，从而使得其鲁棒性能不理想。

3) 功率整形控制技术

功率整形控制 (power shaping control，PSC) 是一种基于电路理论的先进非线性控制方法，因此在解决变换器系统电压控制问题时具有独特的优势。它的设计步骤可细分为：首先，把所考虑系统写成基于功率概念的 Brayton-Moser 模型；然后，将该模型动态与期望的闭环系统互联得到一个偏微分方程，通过求解这个偏微分方程给出控制器的解析表达式，从而实现功率整形，最终达到控制的目的。该控制方法的难点在于如何将一个实际系统写成 Brayton-Moser 模型。文献 [136] 对于含恒功率负载的滤波电路系统进行了功率整形控制研究，所提方案补偿了负阻抗特性，有效解决了该系统的电压控制问题。

根据作者所知，目前还没有理论结果针对含恒功率负载的 DC-DC buck 变换器这样一个非线性系统直接进行控制器设计和稳定性分析。因此，该非线性系统的控制问题亟须解决。注意到，现存控制方法的另一个缺陷是都需要负载功率的精确信息，然而在实际应用中很难准确测量它的值，限制了更进一步提高系统控制性能的可能性[137]。因此，设计一个负载功率观测器就变得至关重要。变换器系统中存在的非线性特性给控制器设计和观测器设计带来了不小的挑战，所以本章的研究具有良好的理论指导意义。

本章的主要目的是针对含恒功率负载的 DC-DC buck 变换器系统提出结合无源性和浸入与不变理论的自适应无源控制器，不仅使得闭环系统在平衡点具有更大的吸引区，而且有效提升系统的抗干扰能力和跟踪性能。具体设计步骤为：首先，基于所建立的 DC-DC buck 变换器系统的数学模型，对其零动态进行稳定性分析；其次，设计标准无源控制器对电感电流进行控制，间接地实现对输出电压的控制；再次，采用动态互联与阻尼配置技术设计电压控制器，同时为解决未知参数估计问题，设计一种基于浸入与不变负载功率观测器在线估计该参数；最后，通过仿真和实验结果验证该控制策略的有效性。

7.2　预 备 知 识

无源性和浸入与不变理论是研究非线性系统控制问题的重要工具，本书将该理论应用到电力电子系统进行控制器设计，下面首先介绍相关理论的基本知识。

考虑仿射非线性系统的状态空间描述：

$$\begin{cases} \dot{x} = f(x) + g(x)u \\ y = h(x) \end{cases} \tag{7.4}$$

其中，状态 $x \in \mathbb{R}^n$；输入 $u \in \mathbb{R}^m$；输出 $y \in \mathbb{R}^q$；$f : \mathbb{R}^n \to \mathbb{R}^n$、$g : \mathbb{R}^n \to \mathbb{R}^n$ 和 $h : \mathbb{R}^n \to \mathbb{R}^q$ 为连续可微的函数向量。

定义 7.1 (耗散性)[138]　设函数 $\Omega(u,y) : \mathbb{R}^m \times \mathbb{R}^q \to \mathbb{R}$，称状态空间描述系统 (7.4) 关于 $\Omega(u,y)$ 是耗散的。若存在函数 $S(x) \geqslant 0$、$S(x) = 0$，使得

$$S(x(T)) - S(x(0)) \leqslant \int_0^T \Omega(u(t), y(t)) \mathrm{d}t \tag{7.5}$$

对于任意初始状态 $x(0)$ 和时间 T 成立，则称函数 $\Omega(u,y)$ 为供给率、$W(x(t))$ 为耗散函数、半正定函数 $S(x)$ 为存储函数，式 (7.5) 称为耗散不等式。进一步地，若存在正定函数使得

$$S(x(T)) - S(x(0)) \leqslant \int_0^T \Omega(u(t), y(t)) \mathrm{d}t + \int_0^T W(x(t)) \mathrm{d}t \tag{7.6}$$

则称系统 (7.6) 是严格耗散的。

定义 7.2 (无源性)[138]　对于系统 (7.4)，当 $m = q$ 时，如果它关于供给率 $\Omega(u, y) = u^{\mathrm{T}} y$ 耗散，则称该系统是无源的。如果存在 $\sigma > 0$，使得系统 (7.4) 关于供给率 $\Omega(u,y) = u^{\mathrm{T}}y - \delta\|u\|^2$ 耗散，则称该系统是输入严格无源的。如果存在 $\gamma > 0$ 使得系统 (7.4) 关于供给率 $\Omega(u,y) = u^{\mathrm{T}}y - \delta\|u\|^2$ 耗散，则称该系统是输出严格无源的。

定义 7.3 [138]　集合 M 称为一个动态系统的不变集，即从 M 中任意一点出发的状态轨迹均包含在集合 M 中。

称向量函数 $f : \mathbb{R}^n \to \mathbb{R}$ 是 $\mathbb{R}^n$ 空间的向量场，即在任意点 x 都存在一个对应的向量 $f(x)$。本章讨论的范围限于光滑场，也就是说，函数 $f(x)$ 有任意阶连续偏导数。考虑状态 x 的一个光滑标量函数 $h(x)$，那么定义 $h(x)$ 的梯度为

$$\nabla h = \frac{\partial h}{\partial x}$$

显然梯度是一个第 j 个元素为 $(\nabla h)_j = \dfrac{\partial h}{\partial x_j}$ 的行向量。类似地，向量场 $f(x)$ 的雅可比矩阵定义为

$$\nabla f = \frac{\partial f}{\partial x}$$

可以看出，$f(x)$ 的雅可比矩阵是一个 $n \times n$ 矩阵，并且其中包含的元素为 $(\nabla h)_{ij} = \dfrac{\partial h_i}{\partial x_j}$。

定义 7.4 (零状态可检测)[138]　如果

$$y(t) = 0, \quad \forall t > 0 \Rightarrow \lim_{x \to \infty} x(t) = 0, \ \forall t > 0 \tag{7.7}$$

则称系统是零状态可检测的。

引理 7.1 (恒等式)　考虑 $g(x) \in \mathbb{R}^{n \times m}, \mathrm{rank}\{g(x)\} = m(m \leqslant n)$。如果矩阵 $g^\perp : \mathbb{R}^n \to \mathbb{R}^{(n-m) \times n}$ 是 $g(x)$ 的满秩左零矩阵,即 $g^\perp(x)g(x) = 0$,并且 $\forall x, \mathrm{rank}\{g^\perp\} = n - m$,则下面的等式恒成立:

$$g(x)[g^{\mathrm{T}}(x)g(x)]^{-1}g^{\mathrm{T}}(x) + (g^\perp(x))^{\mathrm{T}}[g^\perp(x)(g^\perp(x))^{\mathrm{T}}]^{-1}g^\perp(x) = I_n \tag{7.8}$$

其中,

$$\mathrm{rank}\{g^{\mathrm{T}}(x)g(x)\} = m, \quad \mathrm{rank}\{g^\perp(x)(g^\perp(x))^{\mathrm{T}}\} = n - m \tag{7.9}$$

引理 7.2 (局部不变集定理)[138]　考虑非线性系统 $\dot{x} = f(x)$,其中 $f(x)$ 为连续函数。如果存在一个有连续一阶偏导数的标量函数 $V(x)$ 满足如下条件:

(1) 对于任意实数 $r > 0$, $V(x) < r$ 定义的区域 Ω_r 为一个有界区域;

(2) $V(x) \leqslant r$,其中 $x \in \Omega_r$。

设 W 为 Ω_r 中所有满足 $\dot{V}(x) = 0$ 的点的集合,S 为 W 内所有不变集的并集 (即最大不变集),那么当 $t \to \infty$ 时,从 Ω_r 中出发的每条轨迹最后都趋于 S。

在利用李雅普诺夫理论分析系统稳定性时,李雅普诺夫函数的导数经常不能满足严格小于零的条件,因此无法根据李雅普诺夫理论来判断闭环系统平衡点是否渐近稳定,这时利用局部不变集定理就可以得出相应结论。

引理 7.3 (Poincare 引理)[139]　给定 $K : \mathbb{R}^n \to \mathbb{R}^n, K \in \mathbb{C}^1$,如果存在一个函数 $H : \mathbb{R}^n \to \mathbb{R}$ 使得 $\nabla H(x) = K(x)$,当且仅当 $\nabla K(x) = (\nabla K(x))^{\mathrm{T}}$,其中,

$$\nabla K = \begin{bmatrix} \dfrac{\partial K_1}{\partial x_1} & \cdots & \dfrac{\partial K_1}{\partial x_n} \\ \vdots & & \vdots \\ \dfrac{\partial K_n}{\partial x_1} & \cdots & \dfrac{\partial K_n}{\partial x_n} \end{bmatrix} \tag{7.10}$$

引理 7.4[140]　对于如下级联系统:

$$\begin{cases} \dot{z} = f(z) + \psi(z, \xi) \\ \dot{\xi} = a(\xi, u) \end{cases} \tag{7.11}$$

其中,交叉项 ψ 可以当作干扰且收敛于原点。若系统 $\dot{z} = f(z)$ 在原点是局部渐近稳定的,且存在任意一个部分状态反馈控制器 $u = k(\xi)$ 使得子系统 $\dot{\xi} = a(\xi, u)$ 在平衡点 $\xi = 0$ 是渐近稳定的,则可以得到对于整个级联系统 (7.11) 在平衡点 $(z, \xi) = (0, 0)$ 也是局部渐近稳定的。

引理 7.5 (动态互联和阻尼分配无源控制)[141]　考虑如下广义非线性系统:

$$\dot{x} = f(x, u) \tag{7.12}$$

其中，$f : \mathbb{R}^n \times \mathbb{R}^m \to \mathbb{R}^n$。系统平衡点集为

$$\mathcal{S} = \{x \in \mathbb{R}^n | f(x, u_\star) = 0, \ u_\star \in \mathbb{R}^m\} \tag{7.13}$$

假设 7.1　对于系统 (7.12)，存在映射 $Q : \mathbb{R}^n \times \mathbb{R}^m \to \mathbb{R}^{n \times n}$ 和 $\bar{u} : \mathbb{R}^n \to \mathbb{R}^m$
满足如下条件。

(1) $\nabla[Q(x, \bar{u}(x))f(x, \bar{u}(x))] = (\nabla[Q(x, \bar{u}(x))f(x, \bar{u}(x))])^{\mathrm{T}}$

(2) $\det\{Q(x, \ \bar{u}(x))\} \neq 0$

(3) $Q(x, \bar{u}(x)) + Q^{\mathrm{T}}(x, \bar{u}(x)) \leqslant 0$

(4) $f(x_\star, \bar{u}(x_\star)) = 0$

(5) $\{\nabla[Q(x, \bar{u}(x))f(x, \bar{u}(x))]\}|_{x=x_\star} > 0$

性能 1　基于所设计的控制律 $u = \bar{u}(x)$，条件 (1)~(3) 保证闭环系统可以描述为如下 Brayton-Moser 模型，即

$$\dot{x} = Q^{-1}(x, \bar{u}(x))\nabla P(x) \tag{7.14}$$

其中，$P(x)$ 为功率函数。

性能 2　条件 (4) 保证 $x_\star$ 是系统 (7.14) 的平衡点，并且如果条件 (5) 成立，则当选取李雅普诺夫函数为 $P(x)$ 时，闭环系统在平衡点 $x_\star$ 是稳定的。

性能 3　若最大不变集

$$\{x \in \mathbb{R}^n | f^{\mathrm{T}}(x, \bar{u}(x))[Q(x, \bar{u}(x)) + Q^{\mathrm{T}}(x, \bar{u}(x))]f(x, \bar{u}(x)) = 0\} \tag{7.15}$$

为 $\{x_\star\}$，则此平衡点 $x_\star$ 是渐近稳定的。

引理 7.6(浸入与不变自适应控制)[142]　考虑如下线性参数化非线性系统：

$$\dot{x} = f_0(x) + f_1(x)\theta + g(x)u \tag{7.16}$$

其中，$x \in \mathbb{R}^n$ 为状态变量；$u \in \mathbb{R}^m$ 为控制输入；$\theta \in \mathbb{R}^q$ 为未知常数向量。若以下条件成立，则系统的平衡点为 $x_\star$。

(1) 存在控制律 $u = \upsilon(x, \theta)$ 使得闭环系统

$$\dot{x} = f^\star(x) \overset{\text{def}}{=\!=} f_0(x) + f_1(x)\theta + g(x)\upsilon(x, \theta)$$

在平衡点 $x_\star$ 是全局渐近稳定的。

(2) 定义

$$z \overset{\text{def}}{=\!=} \hat{\theta} - \theta + \beta(x) \tag{7.17}$$

映射 $\beta : \mathbb{R}^n \to \mathbb{R}^q$ 使得以下系统的所有轨迹

$$\begin{cases} \dot{z} = -\left(\dfrac{\partial \beta}{\partial x} f_1(x)\right) z \\ \dot{x} = f^\star(x) + g(x)[\upsilon(x, \theta + z) - \upsilon(x, \theta)] \end{cases} \tag{7.18}$$

是有界的，且满足

$$\lim_{t\to\infty}[g(x(t))(v(x(t),\theta)+z(t))-v(x(t),\theta)]=0 \tag{7.19}$$

那么系统 (7.16) 可以由基于浸入与不变的自适应控制器镇定。

7.3　系统模型、问题描述和零动态稳定性分析

本节首先给出该系统的数学模型，然后阐述其控制问题且对系统的零动态稳定性进行分析。

7.3.1　系统模型

含恒功率负载的 DC-DC buck 变换器的拓扑结构如图 7.7 所示，图中 CPL 表示恒功率负载，假设其工作在电流连续模式，则其平均模型如下：

$$\begin{cases} L\dot{i}=-v+uE \\ C\dot{v}=i-\dfrac{P}{v} \end{cases} \tag{7.20}$$

其中，$i\in\mathbb{R}_+$ 为电感电流；$v\in\mathbb{R}_+$ 为输出电压；$P\in\mathbb{R}_+$ 为负载功率；$E\in\mathbb{R}_+$ 为输入电压；$u\in[0,1]$ 为占空比。

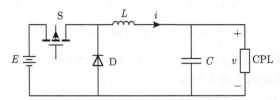

图 7.7　含恒功率负载的 DC-DC buck 变换器的拓扑结构

通过简单的运算，系统的平衡点集可以描述为

$$\mathcal{E}=\left\{(i,v)\in\mathbb{R}_+^2\mid i-\frac{P}{v}=0\right\} \tag{7.21}$$

7.3.2　问题描述

本节所考虑的变换器对象，其电流和电压都是可测量的。对于系统 (7.20)，满足如下假设。

假设 7.2　负载功率 P 是未知的，但是电路参数 L、C、E 是已知的。

假设 7.3　*系统状态 i、v 是可测量的。*

输出电压的平衡点表示为 $v_\star$，可以计算电流的平衡点且满足 $(i_\star, v_\star) \in \mathcal{E}$。控制问题可描述为：设计一个状态反馈控制器使得闭环系统在平衡点 $(i_\star, v_\star)$ 是渐近稳定的，且具有一个严格定义的吸引区保证系统的收敛特性。

为了简化表示，不失一般性地，给出正规化模型以便进行控制器设计。采用如下坐标变换：

$$\begin{cases} x_1 = \dfrac{1}{E} \sqrt{\dfrac{L}{C}} i \\ x_2 = \dfrac{1}{E} v \end{cases} \tag{7.22}$$

时间标量变换 $\tau = \dfrac{t}{\sqrt{LC}}$，得到如下模型：

$$\begin{cases} \dot{x}_1 = -x_2 + u \\ \dot{x}_2 = x_1 - \dfrac{D}{x_2} \end{cases} \tag{7.23}$$

其中，$D = \dfrac{P}{E^2} \sqrt{\dfrac{L}{C}}$。对于系统 (7.23)，平衡点集可表示为

$$\mathcal{E}_x = \left\{ x \in \mathbb{R}_+^2 \ \middle|\ x_1 - \frac{D}{x_2} = 0 \right\} \tag{7.24}$$

若系统满足假设 7.2，则其控制问题就转化为设计一个控制器使得闭环系统在平衡点 $x_\star \in \mathcal{E}$ 是局部渐近稳定的。

7.3.3　零动态稳定性分析

定理 7.1　*考虑系统 (7.23)，当输出选为 $y = x_1 - x_{1\star}$ 时，系统的零动态是不稳定的。*

证明　令 $y = 0$，利用系统 (7.23) 的第一个方程得到

$$u = x_2 \tag{7.25}$$

此等价控制器可使得输出 $y = 0$ 是不变的。另外，由式 (7.23) 得到

$$\dot{x}_2 = x_{1\star} - \frac{D}{x_2} = s(x_2) \tag{7.26}$$

函数 $s(x_2)$ 在 $x_2 = x_{2\star}$ 处的斜率可描述为

$$s'(x_2)|_{x_2 = x_{2\star}} = \frac{D}{x_{2\star}^2} \tag{7.27}$$

由 $D > 0$、$s'(x_2)|_{x_2=x_{2\star}} > 0$，可知系统 (7.26) 在平衡点 $x_{2\star}$ 处是不稳定的，从而得出系统零动态稳定性的结论。证毕。

注解 7.1　对于输出 $y = x_2 - x_{2\star}$，系统的相对阶等于 2。因此，针对该输出系统不存在零动态。

7.4　电压控制器设计

后续小节将借助由定义 7.2 给出的无源性理论进行控制方案设计。本节针对 DC-DC buck 变换器系统 (7.23) 进行无源控制器设计，这里首先假设参数 P 是已知的。

7.4.1　标准无源控制器设计

为了采用标准无源控制 (passivity-based control, PBC) 方法，将系统 (7.23) 写成 Euler-Lagrange 模型：

$$\mathcal{M}\dot{x} + (\mathcal{J} + \mathcal{R}(x))\, x = Gu \tag{7.28}$$

其中，$\mathcal{M} = \begin{bmatrix} 1 & 0 \\ 0 & 1 \end{bmatrix}$；$\mathcal{J} = \begin{bmatrix} 0 & 1 \\ -1 & 0 \end{bmatrix}$；$\mathcal{R} = \begin{bmatrix} 0 & 0 \\ 0 & \dfrac{D}{x_2^2} \end{bmatrix}$；$G = \begin{bmatrix} 1 \\ 0 \end{bmatrix}$。

定理 7.2　考虑系统 (7.28)，设计如下基于标准无源控制器：

$$u_{\text{SPBC}}(x, D) = -\left(R_{a1} + R_{a2} + \frac{2Dx_{2\star}}{x_2^3} \right) x_1 - R_{a1}R_{a2}x_2$$

$$+ \frac{Dx_{2\star}}{x_2}\left(\frac{2D}{x_2^3} + \frac{R_{a1}}{x_2} + \frac{R_{a2}}{x_{2\star}} \right) + x_{2\star}(1 + R_{1a}R_{a2}) \tag{7.29}$$

其中，R_{a1}、R_{a2} 是控制器增益。在上述控制器的作用下，闭环系统在平衡点 $x_\star$ 是局部渐近稳定的。

证明　首先，对于系统 (7.28) 给出参考动态为

$$\mathcal{M}\dot{x}_d + (\mathcal{J} + \mathcal{R}(x))\, x_d = Gu + u_{\text{DI}} \tag{7.30}$$

定义 $e = x - x_d$，将动态 (7.30) 和 (7.28) 做差，得到误差动态为

$$\mathcal{M}\dot{e} + (\mathcal{J} + \mathcal{R}(x))\, e = u_{\text{DI}} \tag{7.31}$$

其中，$u_{\text{DI}} = \text{diag}\{R_{a1}, R_{a2}\}e$ 表示阻尼注入项，且 $R_{a1} > 0$、$R_{a2} > 0$。对式 (7.31) 进行简单运算可得

$$\mathcal{M}\dot{e} + (\mathcal{J} + \mathcal{R}_d(x))e = 0 \tag{7.32}$$

其中，$R_d(x) = \text{diag}\left(R_{a1}, R_{a2} + \dfrac{D}{x_2^2}\right)$。随后，对于误差系统 (7.32)，选取如下李雅普诺夫函数：

$$V = \frac{1}{2}e^{\mathrm{T}}\mathcal{M}e = \frac{1}{2}e^{\mathrm{T}}e$$

函数 V 在轨迹 (7.32) 关于时间的微分为

$$\dot{V} = -e^{\mathrm{T}}\mathcal{R}_d(x)e \leqslant -2\lambda_{\min}(\mathcal{R}_d)V$$

其中，$\lambda_{\min}(\cdot)$ 表示相应矩阵的最小特征值。由上式可得，跟踪误差 e 将指数收敛到原点。另外，系统 (7.30) 可重写为

$$\begin{cases} \dot{x}_{1d} = -x_{2d} + u + R_{a1}e_1 \\ \dot{x}_{2d} = x_{1d} - \dfrac{D}{x_2^2}x_{2d} + R_{a2}e_2 \end{cases} \tag{7.33}$$

令 $x_{2d} = x_{2\star}$，结合式 (7.33) 得到

$$x_{1d} = \frac{D}{x_2^2}x_{2\star} - R_{a2}(x_2 - x_{2\star}) \tag{7.34}$$

那么，e_1 的表达式为

$$e_1 = x_1 - \frac{D}{x_2^2}x_{2\star} + R_{a2}(x_2 - x_{2\star}) \tag{7.35}$$

将式 (7.34) 和式 (7.35) 代入式 (7.33)，得到控制器 (7.29)。根据式 (7.34) 和 $x_2 \to x_{2\star}$，得出结论 $x_1 \to \dfrac{D}{x_{2\star}} = x_{1\star}$。证毕。

7.4.2　动态互联与阻尼配置控制器设计

基于引理 7.5 设计如下动态互联与阻尼配置控制器。

定理 7.3　对于系统 (7.23)，设计如下动态互联与阻尼配置控制器：

$$\begin{aligned} u_{\text{DIDA}}(x, D) = &-D\frac{q_3}{q_1}\left(\frac{1}{x_2} - \frac{1}{x_{2\star}}\right) + \frac{1}{q_3}(k_1q_1 - q_2)(x_1 - x_{1\star}) \\ &+ k_1(x_2 - x_{2\star}) + x_2 \end{aligned} \tag{7.36}$$

其中，k_1、q_1、q_2 和 q_3 是控制器参数且满足

$$k_1 < \frac{a}{\dfrac{q_1^2}{q_3} - \dfrac{aq_3x_{2\star}^2}{Db}} < 0$$

其中，$a = q_3 + \dfrac{q_1 q_2}{q_3}$；$b = \dfrac{q_3^2}{q_1} + q_2$。那么，可得如下结论：

(1) 闭环系统在平衡点 $x_\star$ 是局部渐近稳定的。

(2) 根据非线性系统吸引域估计理论[138]，吸引区范围可描述为

$$\Omega \overset{\text{def}}{=\!=} \{x \,|\, x \in \mathbb{R}_+^2, H_d(x) \leqslant c\} \tag{7.37}$$

也就是说，对于所有的 $x(0) \in \Omega$，有 $x(t) \in \Omega, \forall t \geqslant 0$，且 $\lim\limits_{t \to \infty} x(t) = x_\star$。

证明 首先，对于系统 (7.23)，采用预反馈 $u(x) = x_2 + w(x)$ 得到

$$\dot{x}_1 = w \tag{7.38}$$

$$\dot{x}_2 = x_1 - \frac{D}{x_2} \tag{7.39}$$

其中，$f(x, w) = \left[w, x_1 - \dfrac{D}{x_2}\right]^{\mathrm{T}}$。基于引理 7.3，需保证匹配方程

$$f(x, w) = Q^{-1} \nabla H_d \iff Q f(x, w) = \nabla H_d$$

成立。若矩阵 Q 选取为

$$Q = \begin{bmatrix} -q_1 & q_3 \\ -q_3 & -q_2 \end{bmatrix}$$

则有

$$Q f(x) = \begin{bmatrix} -q_1 w + q_3 x_1 - q_3 \dfrac{D}{x_2} \\[2mm] -q_3 w - q_2 x_1 + \dfrac{D q_2}{x_2} \end{bmatrix} \tag{7.40}$$

若上述匹配方程成立，则保证了函数 H_d 的存在性。计算函数 H_d：

$$\nabla^2 H_d(x) = \nabla \left[Q f(x, w)\right]$$

$$= \begin{bmatrix} -q_1 \dfrac{\partial w}{\partial x_1} + q_3 & -q_1 \dfrac{\partial w}{\partial x_2} + q_3 \dfrac{D}{x_2^2} \\[3mm] -q_2 - q_3 \dfrac{\partial w}{\partial x_1} & -q_3 \dfrac{\partial w}{\partial x_2} - D \dfrac{q_2}{x_2^2} \end{bmatrix} \tag{7.41}$$

为了使其满足

$$(\nabla \left[Q f(x, w)\right])^{\mathrm{T}} = \nabla \left[Q f(x, w)\right]$$

得到如下偏微分方程:

$$q_1 \frac{\partial w}{\partial x_2} - q_3 \frac{H_d}{x_2^2} - q_3 \frac{\partial w}{\partial x_1} - q_2 = 0 \tag{7.42}$$

式 (7.42) 的解可描述为

$$w(x) = -D \frac{q_3}{q_1} \frac{1}{x_2} - \frac{q_2}{q_3} x_1 + \Phi\left(x_2 + \frac{q_1}{q_3} x_1\right) \tag{7.43}$$

其中, $\Phi(s) = k_1 s + k_2$, $k_2 = D \frac{q_3}{q_1} \frac{1}{x_{2\star}} + \frac{q_2}{q_3} x_{1\star} - \Phi\left(x_{2\star} + \frac{q_1}{q_3} x_{1\star}\right)$。因此, 得到如下控制器:

$$
\begin{aligned}
w(x) &= D \frac{q_3}{q_1}\left(\frac{1}{x_{2\star}} - \frac{1}{x_2}\right) + \frac{q_2}{q_3}(x_{1\star} - x_1) + k_1\left[x_2 - x_{2\star} + \frac{q_1}{q_3}(x_1 - x_{1e})\right] \\
&= D \frac{q_3}{q_1}\left(\frac{1}{x_{2\star}} - \frac{1}{x_2}\right) + \frac{1}{q_3}(k_1 q_1 - q_2)\tilde{x}_1 + k_1 \tilde{x}_2
\end{aligned}
$$

其中, $\tilde{x}_1 = x_1 - x_{1\star}$; $\tilde{x}_2 = x_2 - x_{2\star}$。那么, 函数 H_d 在平衡点处的梯度可以表示为

$$\nabla H_d|_{x=x_\star} = \begin{bmatrix} q_3 x_{1\star} - q_3 \dfrac{D}{x_{2\star}} \\[2mm] -q_2 x_{1\star} + q_2 \dfrac{D}{x_{2\star}} \end{bmatrix} = 0 \tag{7.44}$$

另外, 有

$$\begin{cases} \nabla_{x_1} w(x) = -\dfrac{q_2}{q_3} + \dfrac{q_1}{q_3} k_1 \\[3mm] \nabla_{x_2} w(x) = D \dfrac{q_3}{q_1} \dfrac{1}{x_2^2} + k_1 \end{cases} \tag{7.45}$$

将式 (7.45) 代入式 (7.41) 得到

$$\nabla^2 H_d = \begin{bmatrix} a - \dfrac{q_1^2}{q_3} k_1 & -q_1 k_1 \\[3mm] -q_1 k_1 & -\dfrac{D}{x_2^2} b - q_3 k_1 \end{bmatrix} \tag{7.46}$$

其中, $a = q_3 + \dfrac{q_1 q_2}{q_3}$; $b = \dfrac{q_3^2}{q_1} + q_2$。给出海塞矩阵 H_d 在平衡点处的行列式为

$$\det\left(\nabla^2 H_d|_{x=x_\star}\right) = \left(a - \frac{q_1^2}{q_3} k_1\right)\left(-\frac{Db}{x_{2\star}^2} - q_3 k_1\right) - q_1^2 k_1^2$$

$$= -a\frac{Db}{x_{2e}^2} - \left(aq_3 - \frac{q_1^2}{q_3}\frac{Db}{x_{2\star}^2}\right)k_1$$

其中，$\beta = aq_3 - \dfrac{q_1^2}{q_3}\dfrac{Db}{x_{2\star}^2} > 0$。那么，$\det\left(\nabla^2 H_d|_{x=x_\star}\right) > 0$ 当且仅当：

(1) $a - \dfrac{q_1^2}{q_3}k_1 > 0 \iff k_1 < \dfrac{q_3}{q_1^2}a > 0$

(2) $-a\dfrac{Db}{x_{2e}^2} - \beta k_1 > 0 \iff k_1 < \dfrac{b}{x_{2e}^2}\dfrac{Da}{\beta} < 0$

通过简单运算可知，条件 (2) 暗示条件 (1)，因此 k_1 只需要满足

$$k_1 < \frac{a}{-\dfrac{aq_3x_{2\star}^2}{Db} + \dfrac{q_1^2}{q_3}} < 0 \tag{7.47}$$

其次，证明性能指标 P2，注意到李雅普诺夫函数 $H_d(x)$ 在 $\mathbb{R}_+^2$ 有一个正定的海塞矩阵。借助定义 7.3 和引理 7.2，函数 $H_d(x)$ 为无界的且吸引区的子集 $\{H_d(x) \leqslant c\}$，并且这些子集将描述吸引区的估计范围。当选取足够小的 c 时，给出如式 (7.37) 定义的吸引区估计范围，且系统是零状态可检测的，见定义 7.4。证毕。

7.4.3 自适应无源控制器设计

本节将针对 DC-DC buck 变换器设计负载功率观测器在线估计该参数，其主要思想是采用浸入与不变理论，其描述见引理 7.6。

定理 7.4 考虑含恒功率负载的 DC-DC buck 变换器系统 (7.23)，且满足假设 7.2，给出标准无源控制器 (7.28) 的自适应形式为

$$\hat{u} = \hat{u}_{\text{SPBC}}(x, \hat{D}) \tag{7.48}$$

其中，$\hat{D}$ 是由以下观测器得出的估计值：

$$\hat{D} = -\frac{1}{2}\gamma x_2^2 + \hat{D}_I \tag{7.49}$$

$$\dot{\hat{D}}_I = \gamma x_1 x_2 + \frac{1}{2}\gamma^2 x_2^2 - \gamma \hat{D}_I \tag{7.50}$$

这里，$\gamma > 0$ 是可调参数。那么，级联系统在平衡点 $(x, \hat{D}) = (x_\star, D)$ 是局部渐近稳定的，并且对于所有的初始条件，可得到

$$\lim_{t \to \infty} \tilde{D}(t) = \mathrm{e}^{-\gamma t}D(0) \tag{7.51}$$

证明 定义观测误差为 $\tilde{D} = \hat{D} - D$，观测误差沿轨迹 (7.23) 关于时间 t 的导数为

$$\dot{\tilde{D}} = -\gamma^2 x_2 \dot{x}_2 + \dot{\hat{D}}_I$$
$$= -\gamma x_1 x_2 + \gamma D + \dot{\hat{D}}_I$$

将式 (7.50) 代入上式可得

$$\dot{\tilde{D}} = \gamma D + \frac{1}{2}\gamma^2 x_2^2 - \gamma \hat{D}_I$$
$$= -\gamma \tilde{D}$$

由此得出观测器收敛特性 (7.51)。

为了证明闭环系统在平衡点 $(x, \hat{D}) = (x_\star, D)$ 的渐近稳定性，注意到控制器 (7.29) 中的状态信息与功率参数 D 呈线性关系，可以把基于标准无源性的控制器写为自适应形式，即

$$\hat{u}_{\text{SPBC}}(x, \hat{D}) = a_1(x) + b_1(x)D + b_1(x)\tilde{D} \tag{7.52}$$

其中，$a_1(x)$ 和 $b_1(x)$ 是适合定义的函数。基于定理 7.2，整个系统可以写为一个级联系统：

$$\begin{cases} \mathcal{M}\dot{e} = -\left(\mathcal{J} + \mathcal{R}_d(x)\right)e + b(e)\tilde{D} \\ \dot{\tilde{D}} = -\gamma \tilde{D} \end{cases} \tag{7.53}$$

由定理 7.2 可知，当 $\tilde{D} = 0$ 时，级联系统 (7.53) 在原点是局部渐近稳定的，并且 $\tilde{D}$ 将指数收敛到原点。采用文献 [140] 中的定理 4.1 关于级联系统的局部渐近稳定性结论，得出级联系统 (7.53) 在平衡点是局部渐近稳定性的结论。

类似地，自适应动态互联与阻尼配置控制器也可写为式 (7.52)，在此控制器作用下闭环系统仍可以写为以下级联形式：

$$\begin{cases} \dot{x} = Q^{-1}\nabla H_d + c_1(x)\tilde{D} \\ \dot{\tilde{D}} = -\gamma \tilde{D} \end{cases} \tag{7.54}$$

其中，$c_1(x)$ 为适当定义的函数。

基于引理 7.4 得出在自适应动态互联与阻尼配置控制器作用下，整个闭环系统 (7.54) 在平衡点是局部渐近稳定的结论。证毕。

7.5 仿真和实验

7.5.1 仿真结果

本节将对本章提出的两种控制器进行仿真研究，系统参数如表 7.2 所示。首先，在基于标准无源控制器作用下的响应曲线如图 7.8 所示，其中考虑了负载功率阶跃变化情况。

表 7.2　含恒功率负载 DC-DC buck 变换器参数

描述	参数	额定值
电感	L	470μH
电容	C	500μF
输入电压	E	21V
负载功率	P	61.25W
参考输出电压	$v_\star$	14V

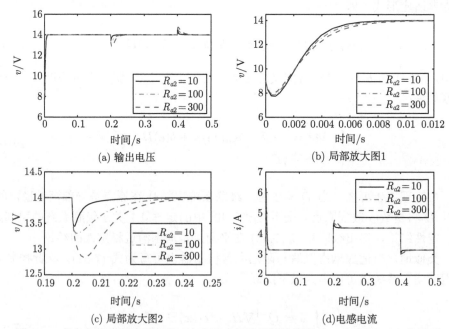

图 7.8　考虑负载功率阶跃变化，在自适应标准无源控制器 (7.29) 和 (7.50) 作用下 $\gamma=1$ 时选取不同参数 R_{a2} 的响应曲线

从图中可以看出，所提出控制器使得输出电压良好地跟踪给定值，并且有效地抑制了负载功率变化对系统的影响。从控制器参数 R_{a2} 不同取值的响应曲线可以看出，该参数将影响系统的暂态性能。

接下来将分析增益 γ 对观测器收敛特性的影响，仿真结果如图 7.9 所示。由图可知，当选取较大的增益 γ 时，观测器的收敛速度也较快，因此仿真分析和理论结果是一致的。需要注意的是，观测器的收敛速度和噪声敏感度存在折中关系，所以应该合理选取增益 γ。

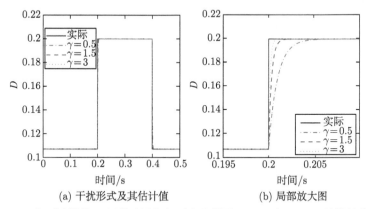

图 7.9　在不同增益 γ 下基于浸入与不变观测器 (7.49) 和 (7.50) 的性能曲线

其次，将对所提出的自适应动态互联与阻尼配置控制器进行仿真研究。类似于标准无源控制器，仍然考虑如图 7.9 所示的外界干扰。图 7.10 给出了电流和输出电压的响应曲线。由图可见，在此控制器作用下系统具有良好的抗干扰能力。当选取较大的控制器增益 k_1、k_p 时，系统具有更好的暂态性能。

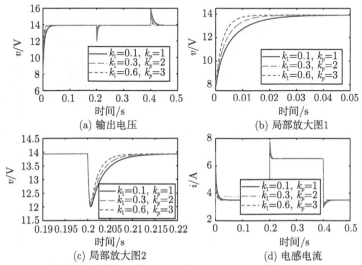

图 7.10　考虑负载功率阶跃变化，在自适应动态互联与阻尼配置控制器 (7.36) 和 (7.50) 作用下 $\gamma = 1$ 时选取不同增益 k_1、k_p 的系统响应曲线

图 7.11 给出了在动态互联与阻尼配置控制器 (7.36) 作用下的闭环系统相平面图。在不同初始状态下状态轨迹曲线和由式 (7.37) 定义的吸引区估计范围，封闭区域为吸引区估计范围，实线为在不同初始状态下的状态轨迹，虚线为函数 $H_d(x)$ 的水平集。从图中可以看出，当初始状态选取在吸引区内时，可以保证状态轨迹都不超出这个区域，并且从不同初始状态出发的状态轨迹都将收敛于平衡点，实现控制目标。注意到，实际的吸引区要比所估计的范围大得多，满足了工程需要。

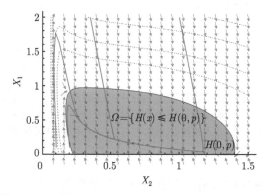

图 7.11　在动态互联与阻尼配置控制器 (7.36) ($k_p = 10$, $k_1 = 1$) 作用下的闭环系统相平面图

7.5.2　实验结果

为了进一步验证所提出控制方法的有效性，搭建了如图 7.12 所示的含恒功率

图 7.12　含恒功率负载的 DC-DC buck 变换器实验平台

负载的 DC-DC buck 变换器实验平台，包括 DC-DC buck 变换器、DSP TMS320F-2812、直流电源、示波器、由 DC-DC buck-boost 变换器构成的恒功率负载等，电路参数如表 7.2 所示。系统的全部控制算法都使用 C 语言编程，在时钟为 100kHz 的 DSP TMS320F2812 上实现。在自适应动态互联与阻尼配置控制器作用下的实验结果如图 7.13 和图 7.14 所示，从图中可以看出，所设计的控制方案有效提升了系统的跟踪性能和抗干扰性能。

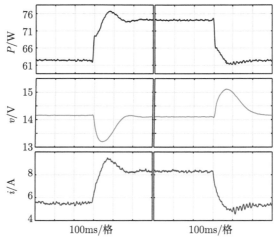

图 7.13　考虑负载功率阶跃变化，选取 $E = 21\text{V}$、$v_\star = 14\text{V}$ 在自适应动态互联与阻尼配置控制器 (7.36) 和 (7.50) ($k_p = 10$, $k_1 = 1$, $\gamma = 1$) 作用下系统的响应曲线

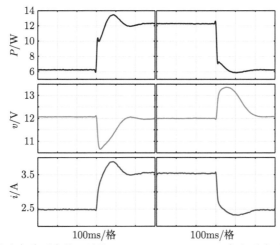

图 7.14　考虑负载功率阶跃变化，选取 $E = 15\text{V}$、$v_\star = 12\text{V}$ 在自适应动态互联与阻尼配置控制器 (7.36) 和 (7.50) ($k_p = 10$, $k_1 = 1$, $\gamma = 1$) 作用下系统的响应曲线

7.6　本 章 小 结

本章解决了在负载功率未知情况下含恒功率负载的 DC-DC buck 变换器输出电压的调节问题，提出了基于无源性和浸入与不变理论的自适应无源控制器。假设负载功率已知，设计了两种无源性电压控制器；同时，考虑到在实际应用场合负载功率参数很难准确测量，提出了一种基于浸入与不变功率观测器以在线估计该参数；此外，还对闭环系统的稳定性进行了分析。仿真和实验研究验证了所提出控制方案的优越性。

第 8 章 含时变干扰的 DC-DC boost 变换器增量式无源控制

本章主要研究在电阻负载作用下 DC-DC boost 变换器存在电路参数摄动、负载及输入电压变化时的电压调节问题。首先，在建模过程中将这些干扰描述为系统的集总干扰。其次，采用增量式无源性理论，针对该系统设计状态反馈控制器；同时，为了提升系统的抗干扰性能，设计两个广义比例积分观测器，以此分别估计在电流通道和电压通道中的时变干扰，并且把这两个干扰估计值引入前馈补偿设计中，用来抑制外部扰动对系统的影响。与传统的无源控制方案相比，所提出的基于增量式无源性和广义比例积分观测器的复合电压控制方法具有优良的抗干扰性能和跟踪性能。最后，通过仿真和实验来验证所提方法的实用性和有效性。

8.1 引　　言

目前，DC-DC 功率变换器具有诸多优势，已经广泛应用在许多领域，如可再生能源系统 (太阳能、风能)、汽车电子、电力系统等[143,144]。其中，DC-DC boost 变换器可以用来升高前级输出端和负载之间的电压，因此主要应用在电力分配系统中需要提升电压的场合。首先，因为变换器存在切换动作，所以该电路系统本身是一个非线性且时变的系统；其次，若将输出电压选取为系统输出，则系统的零动态是不稳定的，也就是通常所说的非最小相位系统；此外，电路系统在实际运行过程中还时常受到时变干扰的影响，如输入电压变化和负载电阻变化等，因此为该系统设计高性能控制器就变得尤为困难。

目前，国内外学者提出了许多方案来控制 DC-DC boost 变换器系统，如反步控制、输入-输出线性化、鲁棒控制、滑模控制和模糊控制等。近年来，基于无源控制方法因其自身具有的显著优点而备受关注[145]。与其他非线性控制方法不同的是，它充分利用系统模型结构的信息来进行控制器设计。文献 [146] 提出了基于并行阻尼的无源控制方法，该控制方法有效抑制了负载电阻变化对系统的影响，然而其采用了局部线性化技术，只能保证系统在平衡点邻域内的控制性能。在此基础上，文献 [147] 进一步通过增加一个外环 PID 控制器来消除由寄生电阻产生的稳态误差，但是设计过程基于小信号模型，所以获得的稳定性结果仍是局部的。通常，在变工况和大干扰情况下，基于局部线性化技术或小信号模型所得到的系统控制性能并不理想。鉴于此，文献 [148] 提出了基于增量式无源性方法来控制这一类变换器系统，其主要的创新在于保证了闭环系统在平衡点是全局渐近稳定的，但是该方法通过积分作用来抑制电路参数摄动对系统的影响。一般而言，当系统存在时变干扰时，传统的积分作用很难完全消除由其产生的影响，制约了控制性能的进一步提升。注意到，广义比例积分观测器 (generalized proportional integral observer, GPIO) 能够有效补偿系统中存在的时变干扰，该观测器具有如下优点：① 需要较少的模型信息；② 在系统存在高阶时变干扰时，观测器依然具有良好的观测性能；③ 观测器的设计较为简单。因此，其被广泛应用在机电系统中，如永磁同步电动机和机械臂系统[32,149]。

本章的主要目的是针对受扰 DC-DC boost 变换器系统设计一种基于增量式无源性和广义比例积分观测器的复合电压控制律，既有效提升系统的跟踪性能，又可以抑制外界时变干扰对系统的影响。设计步骤包括：首先，根据 DC-DC boost 变换器的平均模型，设计基于增量式无源性的控制器；其次，考虑到时变干扰对系统性能的影响，提出基于增量式无源性和广义比例积分观测器的复合控制方法；再次，严格证明闭环系统在平衡点是全局渐近稳定的；最后，给出仿真和实验结果。

8.2　预备知识

考虑如下非线性系统：

$$\begin{cases} \dot{x}(t) = f(x) + g(x)u(t) \\ y(t) = h(x) \end{cases} \tag{8.1}$$

其中，$x(t) \in \mathbb{R}^n$；$u(t)$, $y(t) \in \mathbb{R}^m$；$f(x)$ 和 $h(x)$ 是局部 Lipschitz 函数；$g(x) \in \mathbb{R}^{n \times m}$ 是常数满秩矩阵。选取平衡点 $x^\star \in \mathbb{R}^n$ 满足

$$x^\star \in \varepsilon = \{x \in \mathbb{R}^n | g^\perp f(x) = 0\} \tag{8.2}$$

因此，基于引理 7.1 得到

$$u^\star = (g^{\mathrm{T}} g)^{-1} g^{\mathrm{T}} f(x^\star) \tag{8.3}$$

$$y^\star = h(x^\star) \tag{8.4}$$

定义如下增量模型：

$$\begin{cases} \dot{x} = f(x) + g u^\star + g \tilde{u} \\ \tilde{y} = h(x) - h(x^\star) \end{cases} \tag{8.5}$$

其中，$\tilde{(\cdot)} = (\cdot) - (\cdot)^\star$ 为跟踪误差。

引理 8.1[143]　假设满足如下条件。

(1) 基于存储函数 $H : \mathbb{R}^n \to \mathbb{R}_+$，系统 (8.1) 满足无源映射 $u \to y$，其中 $y = h(x) = g(x)\nabla H(x)$。

(2) 满足

$$(f(x) - f(x^\star))^{\mathrm{T}}(\nabla H(x) - \nabla H(x^\star)) \leqslant 0 \tag{8.6}$$

那么对于所选取的非负存储函数 $H_0 : \mathbb{R}^n \to \mathbb{R}_+$，有

$$H_0(x) = H(x) - x^{\mathrm{T}}\nabla H(x^\star) - H(x^\star - (x^\star)^{\mathrm{T}}\nabla H(x^\star)) \tag{8.7}$$

对于系统 (8.5)，此映射 $\tilde{u} \to \tilde{y}$ 也是无源的，即满足增量式无源不等式：

$$\dot{H}_0(x) \leqslant (u - u^\star)^{\mathrm{T}}(y - y^\star) \tag{8.8}$$

证明　验证假设 (1) 和 (2) 保证系统 (8.5) 在选取李雅普诺夫函数为 $H_0(x)$ 时，满足增量式无源性不等式 (8.8)。

首先，从式 (8.7) 可以得到

$$\nabla H_0 = \nabla H(x) - \nabla H(x^\star) \tag{8.9}$$

将式 (8.9) 代入条件 (8.6) 可以得到

$$(f(x) + gu^\star)^{\mathrm{T}}\nabla H_0(x) \leqslant 0 \tag{8.10}$$

由于 $f^\star + gu^\star = 0$，所以可以得到

$$\begin{aligned}
\dot{H}_0(x) &= \nabla H_0^{\mathrm{T}}(x)\dot{x} \\
&= (\nabla H(x) - \nabla H(x^\star))(f(x) + gu^\star + g\tilde{u}) \\
&= (f(x) + gu^\star)^{\mathrm{T}}\nabla H_0(x) + \tilde{y}^{\mathrm{T}}\tilde{u} \\
&\leqslant \tilde{y}^{\mathrm{T}}\tilde{u}
\end{aligned}$$

由于 $H(x)$ 是凸函数，所以可以得到

$$\nabla H_0^2(x) = \nabla H^2(x) \geqslant 0 \tag{8.11}$$

该式表明，$H_0(x)$ 也是凸函数。由式 (8.9) 得出 $\nabla H_0(x^\star) = 0$，可知 $x^\star$ 是函数 $H_0(x)$ 的最小值点。

由上述分析可知，对于系统 (8.5)，映射 $\tilde{u} \to \tilde{y}$ 是无源的。证毕。

注解 8.1 [143]　考虑系统 (8.5)，存在存储函数 $H_0(x)$，且其满足增量式无源不等式 (8.8)，设计一个简单的比例控制器

$$u = u^\star - k\tilde{y} \tag{8.12}$$

其中，$k > 0$，就可以保证闭环系统在平衡点 $x_\star$ 是渐近稳定的。

定义 8.1 [138]　考虑如下非线性系统：

$$\dot{x} = f(t, x, w) \tag{8.13}$$

其中，$f : [0, \infty) \times \mathbb{R}^n \times \mathbb{R}^n \to \mathbb{R}^n$ 是关于 t 的分段函数。如果 $\kappa\mathcal{L}$ 类函数 χ、$\mathcal{K}$ 类函数 κ 以及正常数 k_1 和 k_2 使得对于任意满足 $\|x(t_0) < k_1\|$ 的初始状态 $x(t_0)$ 和满足 $\sup_{t \geq t_0} \|w(t)\| < k_2$ 的输入 $w(t)$，系统的解 $x(t)$ 存在且对所有 $t \geq t_0 \geq 0$ 满足

$$\|x(t)\| \leq \chi(\|x(t_0)\|, t - t_0) + \kappa \sup_{t_0 \leq \tau \leq t} \|w(t)\|$$

那么，其关于 x 和 w 是局部 Lipschitz 连续的，是局部输入-状态稳定 (ISS) 的。

引理 8.2 [138]　考虑 $V : [0, \infty) \times \mathbb{R}^n \to \mathbb{R}$ 是一个连续可微函数，使得 $\forall(t, x, u) \in [0, \infty) \times \mathbb{R}^n \times \mathbb{R}$，满足

$$a_1(\|x\|) \leq V(t, x) \leq a_2(\|x\|) \frac{\partial V}{\partial t} + \frac{\partial f}{\partial x} f(t, x, u) \leq -W_3(x), \quad \forall \|x\| \geq \rho(\|u\|) > 0$$

其中，a_1、a_2、ρ 是 $\mathcal{K}$ 函数；$W_3(x)$ 是在 $\mathbb{R}^n$ 上的连续正定函数。当 $\gamma = a_1^{-1} \circ a_2 \circ \rho$ 时，系统 (8.13) 是局部输入-状态稳定的。这里，"$\circ$" 表示复合函数。

引理 8.3 [138]　考虑系统 (8.13) 是输入-状态稳定的。若输入 u 满足 $\lim_{t\to\infty} u = 0$，则状态 x 满足 $\lim_{t\to\infty} x(t) = 0$。

引理 8.4 [138]　考虑如下级联系统：

$$\begin{cases} \dot{x}_1 = f_1(t, x_1, x_2) \\ \dot{x}_2 = f_2(t, x_2) \end{cases} \tag{8.14}$$

假设 $\dot{x}_1 = f_1(t, x_1, 0)$ 和 $\dot{x}_2 = f_2(t, x_2)$ 在原点是全局渐近稳定的。若选取输入为 x_2，且系统 $\dot{x}_1 = f_1(t, x_1, x_2)$ 是输入-状态稳定的，则级联系统 (8.14) 在原点是全局渐近稳定的。

8.3　系统模型和问题描述

8.3.1　系统模型

DC-DC boost 变换器电路拓扑如图 8.1 所示，其中 i_L 为电感电流，v 是输出电压，L 为电感，C 为电容，R 为负载电阻，r_C 和 r_L 分别为电容和电感中的寄生电阻，E 为输入电压，令 $\mu \in [0,\ 1]$ 为占空比。对于系统的动态模型，当开关闭合时，有

$$
\begin{cases}
L\dot{i}_L = -r_L i_L + E \\
C\dot{v} = -\dfrac{v}{R + r_C}
\end{cases}
\tag{8.15}
$$

当开关关断时，有

$$
\begin{cases}
L\dot{i}_L = -r_L i_L - \dfrac{r_C R i_L}{R + r_C} - \left(1 + \dfrac{r_C}{R + r_C}\right)v + E \\
C\dot{v} = \dfrac{R i_L}{R + r_C} - \dfrac{v}{R + r_C}
\end{cases}
\tag{8.16}
$$

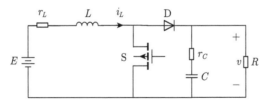

图 8.1　DC-DC boost 变换器电路拓扑

DC-DC boost 变换器的平均模型可表示为

$$
\begin{cases}
L\dot{i}_L = -r_L i_L - \dfrac{r_C R i_L}{R + r_C} - (1-\mu)\left(1 + \dfrac{r_C}{R + r_C}\right)v + E \\
C\dot{v} = (1-\mu)\dfrac{R i_L}{R + r_C} - \dfrac{v}{R + r_C}
\end{cases}
$$

将上述系统表述为

$$
\begin{cases}
\dot{i}_L = a_1(1-\mu)v + b + d_1 \\
\dot{v} = a_2(1-\mu)i_L + a_3 v + d_2
\end{cases}
\tag{8.17}
$$

其中，d_1 和 d_2 表示系统的集总干扰，各参数的具体形式为

$$
d_1 = \delta_1 i_L + \delta_2(1-\mu)v + \delta_b, \quad d_2 = \delta_3 v + \delta_4(1-\mu)i_L
$$

$$a_1 = -\frac{1}{L_0}, \ a_2 = \frac{1}{C_0}, \ a_3 = -\frac{1}{R_0 C_0}, \ b = \frac{E_0}{L_0}$$

这里,

$$\delta_1 = -\frac{r_L}{L} - (1-\mu)\frac{r_C R}{R+r_C}, \ \delta_2 = \frac{1}{L_0} - \frac{1}{L}\left(1 + \frac{r_C}{R+r_C}\right)$$

$$\delta_3 = \frac{1}{R_0 C_0} - \frac{1}{C(R+r_C)}, \ \delta_4 = -\frac{1}{C_0} + \frac{R}{C(R+r_C)}, \ \delta_b = -\frac{E_0}{L_0} + \frac{E}{L}$$

R_0、C_0、L_0、E_0 为电路参数的标称值。

8.3.2　问题描述

定义 $x = [i_L, v]^{\mathrm{T}}$,$u = 1 - \mu$,系统 (8.17) 可重写为

$$\dot{x} = Ax + uBx + \eta + d \tag{8.18}$$

其中,

$$A = \begin{bmatrix} 0 & 0 \\ 0 & a_3 \end{bmatrix}, \quad B = \begin{bmatrix} 0 & a_1 \\ a_2 & 0 \end{bmatrix}, \quad \eta = \begin{bmatrix} b \\ 0 \end{bmatrix}, \quad d = \begin{bmatrix} d_1 \\ d_2 \end{bmatrix}$$

对于系统 (8.18),很容易找到一个正定对称矩阵:

$$P = \begin{bmatrix} L_0 & 0 \\ 0 & C_0 \end{bmatrix}$$

使得下式

$$PA + A^{\mathrm{T}}P \leqslant 0, \ PB + B^{\mathrm{T}}P = 0$$

成立。

因此,控制问题可描述为当系统存在时变干扰时,设计一个状态反馈控制器使得闭环系统在平衡点是全局渐近稳定的,其中全局跟踪问题可以描述为设计如下控制器:

$$u = H(x, x_\star, u_\star) \tag{8.19}$$

对于所有初始状态,有

$$\lim_{t \to \infty} x(t) = x_\star \tag{8.20}$$

8.4　含时变干扰的 DC-DC boost 变换器增量式无源控制器设计

DC-DC boost 变换器系统通常会受到时变干扰的影响, 例如, 电路参数经常会受到变化的环境干扰的影响, 这些干扰包括电感、电容及寄生电阻等, 它们往往表现为常值、斜坡或抛物线形式的干扰。在实际应用中, 抗干扰能力是评估控制系统性能的一项重要指标。如果在控制方案中针对干扰设计前馈补偿策略, 就可以抑制外部干扰对系统的影响, 从而提高控制系统的抗干扰能力。广义比例积分观测器可以用来估计常见的各种时变干扰。为了使控制系统具有良好的电压调节性能和抗干扰能力, 本章提出基于增量式无源性和广义比例积分观测器的复合电压控制器, 以下给出具体的设计过程。

在变换器模型中, 考虑 $d_1(t)$、$d_2(t)$ 为集总干扰, 则系统 (8.17) 可分别描述为

$$\begin{cases} \dot{i}_L = a_1(1-\mu)v + b + d_1 \\ \dot{z}_j = z_{j+1}, \quad j = 1, 2, \cdots, m-1 \\ \dot{z}_m = 0 \end{cases} \tag{8.21}$$

和

$$\begin{cases} \dot{v} = a_2(1-\mu)i_L + a_3 v + d_2 \\ \dot{\eta}_j = \eta_{j+1}, \quad j = 1, 2, \cdots, p-1 \\ \dot{\eta}_p = 0 \end{cases} \tag{8.22}$$

其中, $z_1 = d_1(t)$, $z_2 = \dot{d}_1(t)$, $\cdots$, $z_m = d_1^{(m-1)}(t)$, $\eta_1 = d_2(t)$, $\eta_2 = \dot{d}_2(t)$, $\cdots$, $\eta_m = d_2^{(m-1)}(t)$。因此, 可对系统 (8.21) 和 (8.22) 设计如下两个广义比例积分观测器:

$$\begin{cases} \dot{\hat{i}}_L = a_1(1-\mu)v + b + \hat{z}_0 + \lambda_{1m}(i_L - \hat{i}_L) \\ \dot{\hat{z}}_0 = \hat{z}_1 + \lambda_{1(m-1)}(i_L - \hat{i}_L) \\ \dot{\hat{z}}_1 = \hat{z}_2 + \lambda_{1(m-2)}(i_L - \hat{i}_L) \\ \vdots \\ \dot{\hat{z}}_{m-1} = \lambda_{10}(i_L - \hat{i}_L) \end{cases} \tag{8.23}$$

$$\begin{cases} \dot{\hat{v}} = a_2(1-\mu)i_L + a_3 v_o + \hat{\eta}_0 + \lambda_{2p}(v - \hat{v}) \\ \dot{\hat{z}}_0 = \hat{\eta}_1 + \lambda_{2(p-1)}(v - \hat{v}) \\ \dot{\hat{z}}_1 = \hat{\eta}_2 + \lambda_{2(p-2)}(v - \hat{v}) \\ \vdots \\ \dot{\hat{z}}_{p-1} = \lambda_{20}(v - \hat{v}) \end{cases} \tag{8.24}$$

其中, $\hat{i}_L$, $\hat{z}_0$, $\hat{z}_1$, $\cdots$, $\hat{z}_{m-1}$ 分别表示 i_L, d_1, $\dot{d}_1$, $\cdots$, $d_1^{(m-1)}$ 的估计值; $\hat{v}$, $\hat{\eta}_0$, $\hat{\eta}_1$, $\cdots$, $\hat{\eta}_{p-1}$ 分别表示 v, d_2, $\dot{d}_2$, $\cdots$, $d_2^{(p-1)}$ 的估计值; λ_{10}, λ_{12}, $\cdots$, λ_{1m}, λ_{20}, λ_{21}, $\cdots$, λ_{2p} 表示观测器增益, 且选取这些参数使得

$$p_{o1} = s^{(m+1)} + \lambda_{1m}s^m + \cdots + \lambda_{11}s + \lambda_{10} \tag{8.25}$$

$$p_{o2} = s^{(p+1)} + \lambda_{2p}s^p + \cdots + \lambda_{21}s + \lambda_{20} \tag{8.26}$$

的根全部落在 s 平面的左半平面, 则估计误差 $e_{zi} = d_1^{(i)} - z_i$ $(i = 0, 1, \cdots, m-1)$ 和 $e_{\eta i} = d_2^{(j)} - z_j$ $(j = 0, 1, \cdots, p-1)$ 将渐近收敛到零。观测器的误差动态描述为

$$\dot{e}_d = A_e e_d + \dot{d} \tag{8.27}$$

其中, $\dot{d} = [0, 0, \cdots, d_1^{(m)}, 0, 0, \cdots, d_2^{(p)}]^{\mathrm{T}}$; $A_e = \begin{bmatrix} A_{e1} & 0 \\ 0 & A_{e2} \end{bmatrix}$, 有

$$A_{e1} = \begin{bmatrix} -\beta_{1m} & 1 & 0 & \cdots & 0 \\ -\beta_{1(m-1)} & 0 & 1 & \cdots & 0 \\ \vdots & \vdots & \vdots & & \vdots \\ -\beta_{11} & 0 & 0 & \cdots & 1 \\ -\beta_{10} & 0 & 0 & \cdots & 0 \end{bmatrix}, \quad A_{e2} = \begin{bmatrix} -\beta_{2p} & 1 & 0 & \cdots & 0 \\ -\beta_{2(p-1)} & 0 & 1 & \cdots & 0 \\ \vdots & \vdots & \vdots & & \vdots \\ -\beta_{21} & 0 & 0 & \cdots & 1 \\ -\beta_{20} & 0 & 0 & \cdots & 0 \end{bmatrix}$$

基于两个广义比例积分观测器动态 (8.23) 和 (8.24), 给出系统 (8.18) 的参考动态为

$$\dot{x}_\star = Ax_\star + u_\star Bx_\star + b + \hat{d} \tag{8.28}$$

其中, $x_\star = [x_{1\star}, x_{2\star}]^{\mathrm{T}}$; $\hat{d} = \left[\hat{d}_1, \hat{d}_2\right]^{\mathrm{T}}$。通过简单的运算得到

$$x_{1\star} = \frac{x_{2\star}^2}{E_0 + \hat{d}_1}\left(\frac{1}{R_0} - \frac{C_0 \hat{d}_2}{x_{2\star}}\right), \quad u_\star = \frac{E_0 + L_0 \hat{d}_1}{x_{2\star}} \tag{8.29}$$

借助引理 8.1, 得到如下定理。

定理 8.1　对于系统 (8.18)，设计如下增量式无源控制器:

$$u = -ky + \frac{E_0 + \hat{d}_1}{x_\star} \tag{8.30}$$

其中，控制器参数 k 满足如下条件:

$$\begin{cases} kx_{2\star}^2 > \dfrac{1}{2}L_0^2 \\ kx_{1\star}^2 - \dfrac{C_0^2}{2} + R_0 - \dfrac{(kx_{1\star}x_{2\star})^2}{kx_{2\star}^2 - \dfrac{1}{2}L^2} > 0 \end{cases} \tag{8.31}$$

可保证闭环系统在平衡点 $x_\star$ 是全局渐近稳定的，即

$$\lim_{t \to \infty} x(t) = x_\star \tag{8.32}$$

证明　基于引理 8.1、注解 8.1 以及系统动态 (8.18)，可以得到误差系统为

$$\dot{\tilde{x}} = (A + uB)\tilde{x} + \tilde{u}Bx_\star - e_d \tag{8.33}$$

其中，$e_d = [e_{d_1}, e_{d_2}]^{\mathrm{T}}$，$e_{d_1} = d_1 - \hat{d}_1$，$e_{d_2} = d_2 - \hat{d}_2$。

选取如下李雅普诺夫函数:

$$W(\tilde{x}) = \frac{1}{2}\tilde{x}^{\mathrm{T}}P\tilde{x}$$

函数 W 沿轨迹 (8.33) 关于时间 t 的导数可描述为

$$\begin{aligned} \dot{W} &= \tilde{x}^{\mathrm{T}}P[(A + uB)\tilde{x} + \tilde{u}Bx_\star - e_d] \\ &= -\tilde{x}^{\mathrm{T}}Q\tilde{x} + \frac{1}{2}u\tilde{x}^{\mathrm{T}}(PB + B^{\mathrm{T}}P)\tilde{x} + \tilde{y}^{\mathrm{T}} - \tilde{x}^{\mathrm{T}}Pe_d \\ &\leqslant -\tilde{x}^{\mathrm{T}}(Q + kC^{\mathrm{T}}C)\tilde{x} + \frac{1}{2}\tilde{x}^{\mathrm{T}}PP^{\mathrm{T}}\tilde{x} + \frac{1}{2}e_d^{\mathrm{T}}e_d \\ &= -\tilde{x}^{\mathrm{T}}\left(Q + kC^{\mathrm{T}}C - \frac{1}{2}PP^{\mathrm{T}}\right)\tilde{x} + \frac{1}{2}e_d^{\mathrm{T}}e_d \end{aligned}$$

若条件 (8.31) 成立，则如下不等式成立:

$$Q + kC^{\mathrm{T}}C - \frac{1}{2}PP^{\mathrm{T}} > 0 \tag{8.34}$$

进一步得到

$$\dot{W} \leqslant -(1-\theta)\tilde{x}^{\mathrm{T}}\left(Q+kC^{\mathrm{T}}C-\frac{1}{2}PP^{\mathrm{T}}\right)\tilde{x}$$
$$+ \theta\tilde{x}^{\mathrm{T}}\left(Q+kC^{\mathrm{T}}C-\frac{1}{2}PP^{\mathrm{T}}\right)\tilde{x}+\frac{1}{2}e_d^{\mathrm{T}}e_d$$

其中，$\theta \in (0,\ 1)$ 为常数。通过简单的运算得到

$$\dot{W} \leqslant -(1-\theta)\tilde{x}^{\mathrm{T}}\left(Q+kC^{\mathrm{T}}C-\frac{1}{2}PP^{\mathrm{T}}\right)\tilde{x} \tag{8.35}$$

当且仅当

$$\|\tilde{x}\| \geqslant \frac{\|e_d\|}{2\theta\lambda_{\min}\left(Q+kC^{\mathrm{T}}C-\frac{1}{2}PP^{\mathrm{T}}\right)} = \rho\|e_d\| \tag{8.36}$$

其中，$\lambda_{\min}(\cdot)$ 表示相应矩阵的最小特征值。由于 $(1-\theta)\tilde{x}^{\mathrm{T}}\left(Q+kC^{\mathrm{T}}C-\frac{1}{2}PP^{\mathrm{T}}\right)\tilde{x}$ 是正定函数且 $\rho\|e_d\|$ 是一类 $\mathcal{K}$ 函数，所以引理 8.2 的条件都满足。注意到 $\lim\limits_{t\to\infty} e_{d_1}(t)=0$、$\lim\limits_{t\to\infty} e_{d_2}(t)=0$，根据定义 8.1、引理 8.3 和引理 8.4 及式 (8.35)，可知级联系统 (8.27) 和 (8.33) 在原点是全局渐近稳定的，因此得到跟踪误差 $\tilde{x}$ 将渐近收敛到原点。证毕。

注解 8.2　从实际应用的角度来说，条件 (8.31) 的要求并不高，只要适当地选取控制器增益 k，对于许多文献中所采用的电路参数，如文献 [146]~[148]，该条件很容易得到满足。

注解 8.3　如果不考虑干扰，得到

$$\dot{\hat{d}}(t) = -\lambda\hat{d}(t)$$

由此当 $\hat{d}(0)=0$，得到 $\hat{d}(t) \equiv 0$。所提出的控制器 (8.30) 就会退化为文献 [148] 给出的控制器。这表明，所提出的控制方案具有良好的标称性能恢复能力。

8.5　仿真和实验

8.5.1　仿真结果

　　为了比较所提出控制器和传统 PD 控制器作用下的闭环系统性能，首先给出 PD 控制器的设计过程及其稳定性分析。

1. PD 控制器

以下针对传统 PID 控制器存在的缺陷做出阐述。若系统 (8.17) 不存在参数摄动，则其误差系统可写为

$$\begin{cases} L\dot{e}_1 = -(1 - e_u - u_\star)(e_2 + x_{2\star}) + E \\ C\dot{e}_2 = (1 - e_u - u_\star)(e_1 + x_{1\star}) - \dfrac{e_2 + x_{2\star}}{R} \end{cases} \tag{8.37}$$

其中，$e_1 = x_1 - x_{1\star}$；$e_2 = x_2 - x_{2\star}$；$e_u = u - u_\star$。

对于系统 (8.37)，PD 控制器设计为

$$e_u = k_p e_1 + k_d e_2 \tag{8.38}$$

其中，k_p、k_d 是控制器增益。从式 (8.29) 可知，$x_{1\star}$ 和 $u_\star$ 的计算都需要参数 E、R 的精确值。在平衡点处闭环系统 $\dot{e} = F(e)$ 的雅可比矩阵为

$$J = \left[\begin{array}{cc} \nabla_{e_1} F_1(e) & \nabla_{e_2} F_1(e) \\ \nabla_{e_1} F_2(e) & \nabla_{e_2} F_2(e) \end{array} \right] \bigg|_{e=0} = \left[\begin{array}{cc} \dfrac{k_p x_{2\star}}{L} & \dfrac{-1 + u_\star + k_d x_{2\star}}{L} \\ \dfrac{1 - u_\star - k_p x_{1\star}}{C} & \dfrac{-1 - R k_d x_{1\star}}{RC} \end{array} \right] \tag{8.39}$$

矩阵 J 是 Hurwitz 的，当且仅当它的迹 $\mathrm{tr}(J)$ 和行列式 $\det(J)$ 满足以下条件：

$$\mathrm{tr}(J) = \frac{k_p x_{2\star}}{L} - \frac{1 + R k_d x_{1\star}}{RC} < 0 \tag{8.40}$$

$$\det(J) = \frac{-k_p x_{2\star} + R(u_\star - 1)(u_\star - 1 + k_p x_{1\star} + k_d x_{2\star})}{RLC} > 0 \tag{8.41}$$

结合式 (8.40) 和式 (8.41) 得到以下不等式：

$$\frac{RC k_p x_{2\star}}{L x_{1\star}} - \frac{1}{x_{1\star}} < k_d < \frac{k_p}{R(1 - u_\star)} + \frac{1 - u_\star + k_p x_{1\star}}{x_{2\star}} \tag{8.42}$$

从式 (8.42) 可以看出，为了保证闭环系统在平衡点是渐近稳定的，在调节增益 k_p、k_d 时存在耦合关系，且这两个增益的可取值是由电路参数 L、C、R、E 决定的。然而在实际应用中，系统经常存在参数摄动，因此很难选取比较理想的控制增益使得闭环系统的性能达到最佳。并且由于在分析 PID 控制器作用下闭环系统的稳定性时，是基于局部线性化技术进行的，所以所获得的稳定性结论是局部的。

2. 数值仿真

下面将对本章提出的基于增量式无源性和广义比例积分观测器复合控制方案 (PBC+GPIO) (8.30)、PID 控制器和基于增量式无源性和扩张状态观测器控制方案 (PBC+ESO) 分别作用下的闭环系统性能进行仿真对比研究。基于增量式无源性和广义比例积分观测器复合控制原理框图如图 8.2 所示，DC-DC boost 变换器系统参数如表 8.1 所示。

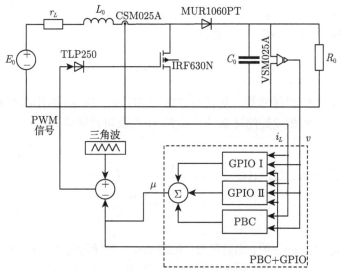

图 8.2　　基于增量式无源性和广义比例积分观测器复合控制原理框图

PWM (pulse width modulation) 表示脉冲宽度调制

表 8.1　　DC-DC boost 变换器系统参数

描述	参数	额定值
电感	L	10mH
电容	C	1000μF
输入电压	E	6V
负载电阻	R	50Ω
参考输出电压	$v_\star$	12V
电容寄生电阻	r_C	1.7Ω
电感寄生电阻	r_L	0.1Ω

在仿真和实验过程中控制量都满足约束 $u \in [0,1]$，选取控制器增益满足式 (8.31) 和式 (8.42) 给出的充分条件。因此，增量式无源性的基准控制器参数选取为 $k = 0.025$，PID 控制器的参数选取为 $k_p = -0.5$, $k_i = -2$, $k_d = -0.25$。对于广义比例积分观测器 (8.23) 和 (8.24)，其阶数设置为 $m = 2$, $p = 2$，参数选

为 $\lambda_{10} = \Omega_0^3$，$\lambda_{11} = 3\Omega_0^2$，$\lambda_{12} = 3\Omega_0$，$\lambda_{20} = \Omega_1^3$，$\lambda_{21} = 3\Omega_1^2$，$\lambda_{22} = 3\Omega_1$，$\Omega_0 = 100$，$\Omega_1 = 200$。系统 (8.18) 的初始状态为 $x_1(0) = 5.5$，$x_2(0) = 0.05$，$u(0) = 0$。

1) 标称性能恢复

本节仅研究所提出控制方法的暂态性能，其仿真结果如图 8.3 所示。由图 8.3 可以看出，相比于传统 PID 控制器，在所提出的复合控制方法作用下闭环系统具有更好的暂态性能。并且可以看出，所提出控制器和基准 PBC 控制器暂态响应一致，这表明，复合控制方法具有良好的标称性能恢复能力。

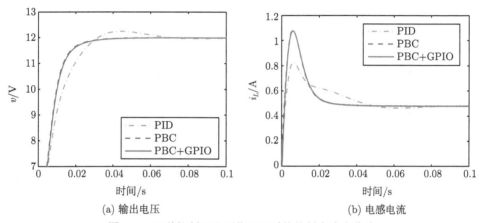

(a) 输出电压　　　　　　　　　　　(b) 电感电流

图 8.3　三种控制器分别作用下系统的暂态响应曲线

2) 负载干扰变化

本节考虑负载电阻变化，在四种控制器作用下对闭环系统的抗干扰能力进行仿真分析。

第一种情况考虑负载电阻阶跃变化情况，在 $t = 0.5\mathrm{s}$ 时负载电阻由 50Ω 变为 100Ω。输出电压和电感电流的仿真结果如图 8.4 所示，由图可以看出，在考虑负载电阻阶跃变化时，基准 PBC 控制器不能抑制外界干扰对系统的影响。与传统 PID 控制器和 PBC+ESO 控制器相比，所提出的复合控制方法作用下闭环系统具有更好的抗干扰能力。

第二种情况考虑如图 8.5(a) 所示的时变负载电阻干扰，这种时变负载电阻干扰可描述为

$$\dot{\xi}_1 = \xi_2 \tag{8.43}$$

$$\dot{\xi}_2 = a\xi_1 - b\xi_1^3 - c\xi_2 + M\cos(2\pi f\tau) \tag{8.44}$$

其中，$a = 1$，$b = 1$，$c = 1$，$M = 1$；时变干扰表示为 $R(\tau) = 10\xi_1(\tau) + 50$。

仿真结果如图 8.6 所示，基准 PBC 控制器无法消除由时变负载电阻干扰带

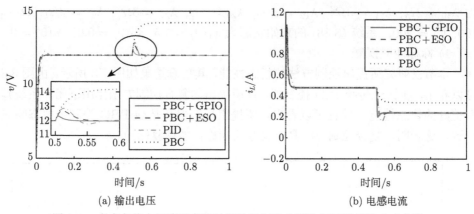

(a) 输出电压　　　　　　　　　　　　(b) 电感电流

图 8.4　考虑负载电阻阶跃变化时四种控制器分别作用下系统的响应曲线

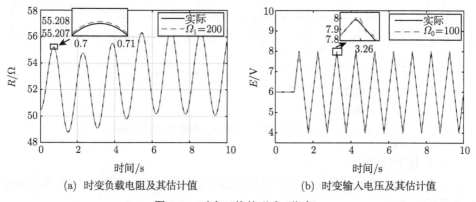

(a) 时变负载电阻及其估计值　　　　　　(b) 时变输入电压及其估计值

图 8.5　时变干扰的形式 (仿真)

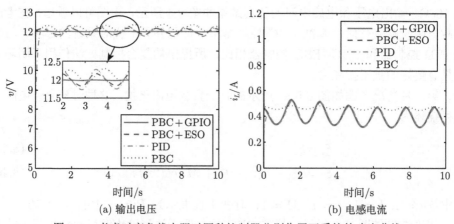

(a) 输出电压　　　　　　　　　　　　(b) 电感电流

图 8.6　考虑时变负载电阻时四种控制器分别作用下系统的响应曲线

来的不利影响，所提出的复合控制方法能够完全抑制外界时变负载电阻扰动对系统的影响。

3) 输入电压变化

考虑输入电压变化，分析在不同控制方法作用下闭环系统的抗干扰能力。类似地，第一种情况仍然考虑输入电压阶跃变化，在 $t = 0.5$s 输入电压由 6V 变为 4V。图 8.7 为输出电压和电感电流响应曲线，从图中可以看出，相比于另外几种控制方案，所提出的复合控制方法可以使得变换器系统具有更好的控制性能。

第二种情况考虑如图 8.5(b) 所示的时变输入电压，相应的响应曲线如图 8.8 所示，由图可知，所提出的复合控制方法仍然能够有效抑制时变输入电压对系统的影响。

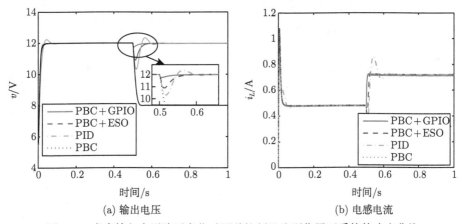

(a) 输出电压　　　　　　　　　　(b) 电感电流

图 8.7　考虑输入电压阶跃变化时四种控制器分别作用下系统的响应曲线

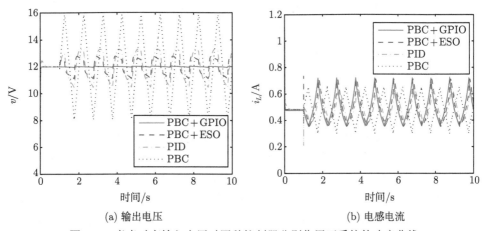

(a) 输出电压　　　　　　　　　　(b) 电感电流

图 8.8　考虑时变输入电压时四种控制器分别作用下系统的响应曲线

8.5.2　实验结果

为了进一步验证本章所提复合控制方法的有效性，搭建 DC-DC boost 变换器系统实验平台，电路参数如表 8.1 所示，其中包括 DC-DC boost 变换器、控制器平台 (dSPACE1103)、二极管 (MUR1060PT)、开关管 (IRF630N)、驱动芯片 (TLP250)、电压传感器 (CSM025A) 和电流传感器 (VSM025A)。该实验平台是以 dSPACE 公司的 DS1103 控制器为核心控制单元，结合外围接口电路和辅助硬件设备，设计完成了数字化变换器控制系统。系统硬件主要包括功率驱动电路、信号检测电路和控制电路。控制系统硬件结构图如图 8.9 所示。

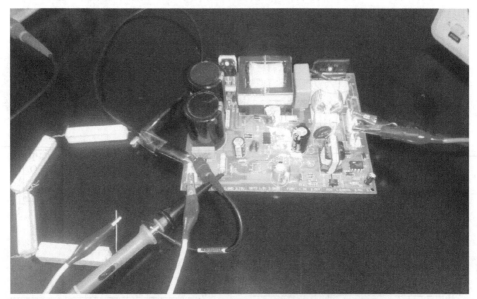

图 8.9　DC-DC boost 变换器系统实验平台硬件结构图

DS1103 控制器是基于 MATLAB/Simulink 的控制系统开发及半实物仿真的软硬件工作平台，拥有实时性强、可靠性高、扩充性好等优点。dSPACE 公司硬件系统中的处理器具有高速计算能力，并配备了丰富的 I/O 支持；软件环境的功能强大且使用方便，包括实现代码自动生成、自动下载以及实验与调试的整套工具。

实验结果如图 8.10～ 图 8.15 所示，由图可见，实验所得输出电压及电流响应曲线与仿真结果类似。因此，从总体上说，仿真和实验结果均表明了在所提出控制方法作用下系统具有良好的跟踪性能和抗干扰能力。

详细的性能指标如表 8.2 所示，包括最大电压下降或上升 (maximum of voltage drop/rise, MOVD/R)、恢复时间 (recovery times, RT)、绝对误差积分 (integral of absolute error, IAE)。

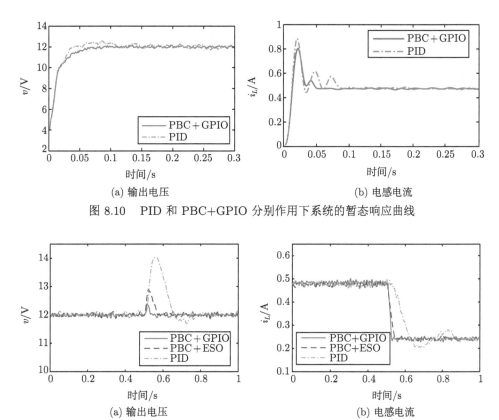

(a) 输出电压　　　　　　　　　　　　(b) 电感电流

图 8.10　PID 和 PBC+GPIO 分别作用下系统的暂态响应曲线

(a) 输出电压　　　　　　　　　　　　(b) 电感电流

图 8.11　考虑负载电阻阶跃变化时 PID、PBC+GPIO 和 PBC+ESO 作用下
系统的响应曲线

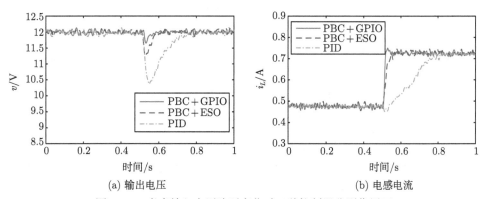

(a) 输出电压　　　　　　　　　　　　(b) 电感电流

图 8.12　考虑输入电压阶跃变化时三种控制器分别作用下
系统的响应曲线

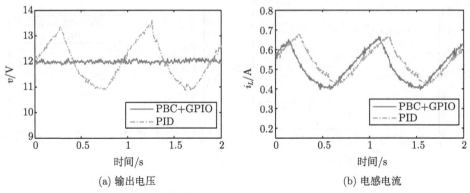

(a) 输出电压　　　　　　　　　　　　　　(b) 电感电流

图 8.13　考虑时变负载电阻时 PID 和 PBC+GPIO 分别作用下
系统的响应曲线

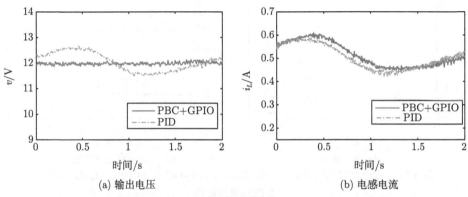

(a) 输出电压　　　　　　　　　　　　　　(b) 电感电流

图 8.14　考虑时变输入电压时 PID 和 PBC+GPIO 分别作用下
系统的响应曲线

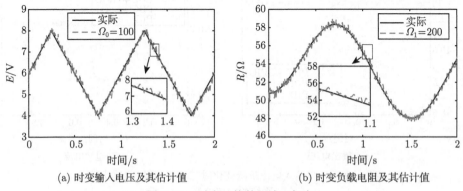

(a) 时变输入电压及其估计值　　　　　　　(b) 时变负载电阻及其估计值

图 8.15　时变干扰的形式 (实验)

表 8.2　DC-DC boost 变换器性能指标

电路参数摄动	控制器	MOVD/R	RT	IAE
R : $50\Omega \rightarrow 100\Omega$	PBC+GPIO	0.4V	0.0305s	0.0481
	PBC+ESO	0.9V	0.0629s	0.0795
	PID	2V	0.2198s	0.1105
E : $6V \rightarrow 4V$	PBC+GPIO	0.3V	0.0635s	0.0584
	PBC+ESO	1V	0.0983s	0.0947
	PID	1.7V	0.2581s	0.1231

8.6　本章小结

本章考虑了 DC-DC boost 变换器系统存在电路参数时变干扰下的电压控制问题。基于无源性理论和干扰观测器技术，提出了基于增量式无源性和广义比例积分观测器的复合电压控制器。该控制器包括基于无源控制方法的反馈项和基于广义比例积分观测器的前馈补偿项。其中，反馈项用来稳定闭环系统，前馈补偿项用来补偿时变干扰对闭环系统控制性能的影响。因此，所提出的复合控制方法可以在保证提高电压跟踪性能的前提下，有效抑制时变干扰对闭环系统的影响。同时，提供了详细的证明过程来保证闭环系统的稳定性。仿真和实验结果表明，与传统控制方法相比，本章所提出的复合控制方法可以使 DC-DC boost 变换器获得更好的跟踪特性和抗干扰能力。

第 9 章　含恒功率负载的 DC-DC boost 变换器自适应互联与阻尼配置控制

本章将研究含恒功率负载 DC-DC boost 变换器的电压控制问题。众所周知，DC-DC boost 变换器系统本身就是一个非线性系统，并且恒功率负载的存在又额外给原系统加入了一个新的非线性特性，为其设计高性能控制器变得更加困难。鉴于此，本章拟采用先进的控制理论来解决这一问题，设计步骤分为：首先，分析在选取不同输出情况下的系统零动态稳定性；然后，基于互联与阻尼配置和浸入与不变理论，提出自适应互联与阻尼配置控制方法；最后，严格证明闭环系统在平衡点是局部渐近稳定的。本章提出的控制方法不仅使得闭环系统在平衡点具有更大的吸引区，而且能够有效抑制负载功率变化对系统的影响，通过仿真验证所提方法的有效性。

9.1　引　　言

继第 7 章研究了含恒功率负载的 DC-DC buck 变换器系统的控制问题之后，本章继续针对含恒功率负载的 DC-DC boost 变换器系统进行无源控制研究。DC-DC boost 变换器作为一种重要的能量转换器件，用于升高前级系统输出端和负载端之间的电压。与 DC-DC buck 变换器不同的是，DC-DC boost 变换器的平均模型本身就是一个非线性系统，且表现出非最小相位特性[130,150-152]。恒功率负载的存在给原系统增加了一个新的非线性特性，而整个电力系统在变工况和大干扰情况下仍然要求具有良好的控制性能，基于局部线性化的控制方案已经难以满足实际需要，所以先进的非线性控制方法成为一种有效手段[143,153-155]。

目前，针对含恒功率负载的 DC-DC boost 变换器的电压控制也有不少研究成果。例如，文献 [131] 和 [133] 将虚拟阻尼控制方法应用到带恒功率负载的 DC-DC boost 变换器的控制器设计中，其主要思想是在控制器设计中考虑虚拟阻尼项来补偿由恒功率引起的负阻抗特性；文献 [156] 将滑模控制方法应用到该系统中，有效抑制了匹配干扰对闭环系统的影响。上述提到的方法均是针对线性化后的模型进行控制器设计及稳定性分析的。文献 [157]、[158] 针对系统的原始非线性模型，基于标准无源性理论设计了状态反馈控制器，有效解决了 DC-DC boost 变换器的电压调节问题，控制目标的实现是通过控制电流来完成对输出电压的间接调节的。需要注意的是，以上控制方案的缺陷在于都需要负载功率的精确信息，然而在实际应用中很难准确测量该参数。DC-DC boost 变换器的研究需要解决负载功率参数在线辨识的问题，因此设计参数观测器已经成为一种简单有效的解决方法。

本章针对 DC-DC boost 变换器带恒功率负载的电压调节问题，结合无源性和浸入与不变理论提出自适应互联与阻尼配置电压控制器，可有效提升系统的抗干扰能力和跟踪性能。

9.2　预 备 知 识

引理 9.1[139](互联与阻尼配置控制)　考虑如下仿射非线性系统：

$$\dot{x} = f(x) + g(x)u \tag{9.1}$$

假设存在矩阵 $g^{\perp}(x)$、$F_d(x) + F_d^{\mathrm{T}}(x) < 0$ 和函数 $H_d : \mathbb{R}^n \to \mathbb{R}$ 满足下面的偏微分方程：

$$g^{\perp}(x)f(x) = g^{\perp}F_d\nabla H_d \tag{9.2}$$

其中，$g^{\perp}(x)$ 是 $g(x)$ 的左零算子，满足 $g^{\perp}(x)g(x) = 0$，并且对于函数 $H_d(x)$，有

$$x_{\star} = \arg\min H_d(x) \tag{9.3}$$

其中，$x_{\star}$ 是系统的平衡点。基于引理 7.1 得出控制器：

$$\beta(x) = (g^{\mathrm{T}}(x)g(x))^{-1}g^{\mathrm{T}}(x)(F_d(x)\nabla H_d(x) - f(x)) \tag{9.4}$$

在以上控制器作用下的闭环系统描述为

$$\dot{x} = F_d(x)\nabla H_d(x) \tag{9.5}$$

此闭环系统在平衡点 $x_{\star}$ 是渐近稳定的，需保证最大不变集

$$\{x \in \mathbb{R}^n | [\nabla H_d]^{\mathrm{T}} R_d(x)\nabla H_d(x) = 0\} \tag{9.6}$$

等于 $\{x_{\star}\}$，吸引区估计范围为 $\{x \in \mathbb{R}^n | H_d(x) \leqslant c\}$。

9.3　系统模型、问题描述和零动态稳定性分析

本节首先给出 DC-DC boost 变换器的平均模型；其次基于该模型分析选取不同输出时的系统零动态稳定性；最后对本章的控制问题进行阐述。

9.3.1　系统模型

假设变换器工作在电流连续模式下，系统的平均模型可以描述为

$$
\begin{cases}
L\dot{i} = -vu + E \\
C\dot{v} = iu - \dfrac{P}{v}
\end{cases}
\tag{9.7}
$$

其中，$i \in \mathbb{R}_+$ 表示电感电流；$v \in \mathbb{R}_+$ 表示输出电压；$P \in \mathbb{R}_+$ 表示负载功率；$E \in \mathbb{R}_+$ 表示输入电压；u 表示控制器。其拓扑结构如图 9.1 所示。

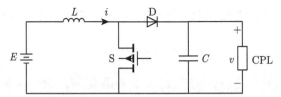

图 9.1　含恒功率负载的 DC-DC boost 变换器拓扑结构

通过简单运算，对于系统 (9.7)，建立以下平衡点集：

$$
\mathcal{E} = \left\{ v \in \mathbb{R}_+ \;\middle|\; v - \frac{P}{E} = 0 \right\}
\tag{9.8}
$$

9.3.2　问题描述

为了简单起见，对模型 (9.7) 进行坐标变换。考虑如下坐标变换：

$$
\begin{cases}
x_1 = \dfrac{1}{E}\sqrt{\dfrac{L}{C}}\, i \\
x_2 = \dfrac{v}{E} \\
\tau = \dfrac{t}{\sqrt{LC}}
\end{cases}
\tag{9.9}
$$

系统 (9.7) 可重写为

$$
\begin{cases}
\dot{x}_1 = 1 - ux_2 \\
\dot{x}_2 = ux_1 - \dfrac{D}{x_2}
\end{cases}
\tag{9.10}
$$

其中，$D = \sqrt{\dfrac{L}{C}\dfrac{P}{E^2}}$。同样地，对于系统 (9.10) 建立如下平衡点集：

$$
\mathcal{E}_x = \{ x_2 \mid x_2 - D = 0 \}
\tag{9.11}
$$

本章的控制问题描述为：对于系统 (9.10)，亦满足假设 7.2，设计控制器 u 使得闭环系统在平衡点 $x_\star$ 是局部渐近稳定的。

9.3.3　零动态稳定性分析

以下定理将给出系统 (9.10) 在选取不同输出情况下系统零动态的稳定性结论。

定理 9.1　针对系统 (9.10)，下列描述成立。

(1) 当系统输出选取为 $y = x_2 - x_{2\star}$ 时，其零动态是不稳定的。

(2) 当系统输出选取为 $y = x_1 - x_{1\star}$ 时，其零动态是稳定的，但在平衡点不是吸引的。

证明　令 $x_2 = x_{2\star}$，结合式 (9.10) 得到

$$u = \frac{D}{x_1 x_{2\star}} \tag{9.12}$$

将式 (9.12) 代入式 (9.10) 的第一个方程可得

$$\dot{x}_1 = 1 - \frac{D}{x_1} = s(x_1) \tag{9.13}$$

函数 $s(x_1)$ 在 $x_\star$ 处关于时间 t 的导数可表示为

$$s'(x_1)|_{x_1 = x_{1\star}} = \frac{D}{x_{1\star}^2} > 0 \tag{9.14}$$

由此可知，当输出为 $y = x_2 - x_{2\star}$ 时，相应的零动态是不稳定的。另外，令 $x_1 = x_{1\star}$，结合式 (9.10) 的第二个方程得到

$$u = \frac{1}{x_2} \tag{9.15}$$

将式 (9.15) 代入式 (9.10) 可得

$$\dot{x}_2 = \frac{1}{x_2}(x_{1\star} - D) = 0 \tag{9.16}$$

由式 (9.16) 可知，当输出选取为 $y = x_1 - x_{1\star}$ 时，其零动态是稳定的，但不是吸引的。证毕。

9.4　电压控制器设计

本节针对系统 (9.10)，借助引理 9.1 设计自适应互联与阻尼配置电压控制器。首先设计基于标准无源控制器，再根据系统的零动态稳定性指出此控制器存在的问题。

9.4.1 互联与阻尼配置控制器设计

以下定理将针对系统 (9.10) 给出基于互联与阻尼配置技术的控制方案。

定理 9.2 假设负载功率参数 D 已知, 对于系统 (9.10), 互联与阻尼配置控制器设计为

$$u(x, D) = \frac{D}{(x_1^2 + x_2^2)}\frac{x_1}{x_2} + \frac{k_1}{2(x_{1\star}^2 + x_{2\star}^2)^2}[(x_1^2 + x_2^2) - k_2] - k_p(D - x_1) \quad (9.17)$$

其中, $x_{1\star}, x_{2\star} \in \mathcal{E}_x$ 是闭环系统的平衡点, k_1 是控制器参数, k_2 是常数, 其满足

$$k_1 > \frac{1}{x_{2\star}}(D^2 - x_{2\star}^2) \quad (9.18)$$

$$k_2 = -(x_{1\star}^2 + x_{2\star}^2) + \frac{2x_{2\star}(x_{1\star}^2 + x_{2\star}^2)}{k_1} \quad (9.19)$$

(1) 平衡点 $x_{1\star}, x_{2\star}$ 是局部渐近稳定的, 且李雅普诺夫函数选取为

$$H_d(x) = -D\arctan\left(\frac{x_1}{x_2}\right) - x_2 + \frac{k_1}{8(x_{1\star}^2 + x_{2\star}^2)^2}[(x_1^2 + x_2^2) + k_2]^2$$

(2) 吸引区的估计范围 Ω 定义为

$$\Omega = \{x \in \mathbb{R}_+^2 | H_d(x) \leqslant c\} \quad (9.20)$$

也就是说, 对于所有初始条件, 当 $x(0) \in \Omega$ 时, 可以保证 $x(t) \in \Omega, \forall t > 0$, 因此得到 $\lim\limits_{t \to \infty} x(t) = x_\star$。

证明 首先证明性能 (1), 将系统 (9.10) 重写为如下形式:

$$\dot{x} = f(x) + g(x)u \quad (9.21)$$

其中,

$$f(x) = \begin{bmatrix} 1 \\ -\dfrac{D}{x_2} \end{bmatrix}, \quad g(x) = \begin{bmatrix} -x_2 \\ x_1 \end{bmatrix}$$

由引理 9.1 可知, 将期望矩阵 $F_d(x)$ 选取为

$$F_d = \begin{bmatrix} 0 & 1 \\ -1 & 0 \end{bmatrix}$$

注意到，$g(x)$ 的左零化因子为

$$g^{\perp}(x) = \begin{bmatrix} x_1 \\ x_2 \end{bmatrix}$$

那么，由式 (9.2) 可知，偏微分方程可描述为

$$x_1 \left(1 + \nabla_{x_2} H_d(x)\right) - x_2 \nabla_{x_1} H_d(x) - D = 0 \tag{9.22}$$

式 (9.22) 的解为

$$H_d(x) = -D \arctan\left(\frac{x_1}{x_2}\right) - x_2 + \varPhi\left(x_1^2 + x_2^2\right) \tag{9.23}$$

其中，$\varPhi(\cdot)$ 表示一个任意函数。为了简单起见，选取 $\varPhi(\cdot)$ 为

$$\varPhi(x_1^2 + x_2^2) = \frac{k_1}{8(x_{1\star}^2 + x_{2\star}^2)^2}\left(x_1^2 + x_2^2 + k_2\right)^2$$

要完成控制器设计，只需证明 k_1、k_2 存在且满足式 (9.18) 和式 (9.19)。为了实现这个目的，计算 $H_d(x)$ 的梯度表示为

$$\begin{aligned}
\nabla H_d = {} & \begin{bmatrix} 0 \\ -1 \end{bmatrix} - \frac{D}{x_1^2 + x_2^2} \begin{bmatrix} 0 & 1 \\ -1 & 0 \end{bmatrix} \begin{bmatrix} x_1 \\ x_2 \end{bmatrix} \\
& + \frac{k_1}{2(x_{1\star}^2 + x_{2\star}^2)^2}\left(x_1^2 + x_2^2 + k_2\right) \begin{bmatrix} x_1 \\ x_2 \end{bmatrix}
\end{aligned}$$

其在平衡点处的梯度可描述为

$$\begin{aligned}
\nabla H_d(x)|_{x=x_\star} = {} & \frac{1}{x_{1\star}^2 + x_{2\star}^2} \begin{bmatrix} -D x_{2\star} \\ -(x_{1\star}^2 + x_{2\star}^2) + D x_{1\star} \end{bmatrix} \\
& + \frac{k_1}{2(x_{1\star}^2 + x_{2\star}^2)^2}(x_{1\star}^2 + x_{2\star}^2 + k_2) \begin{bmatrix} x_{1\star} \\ x_{2\star} \end{bmatrix} \\
= {} & \frac{1}{x_{1\star}^2 + x_{2\star}^2} \begin{bmatrix} -D x_{2\star} + x_{1\star} x_{2\star} \\ -(x_{1\star}^2 + x_{2\star}^2) + D x_{1\star} + x_{2\star}^2 \end{bmatrix}
\end{aligned}$$

令 $k_2 = -(x_{1\star}^2 + x_{2\star}^2) + \dfrac{2x_{2\star}(x_{1\star}^2 + x_{2\star}^2)}{k_1}$，结合式 (9.11) 得到

$$\nabla H_d(x)|_{x=x_\star} = 0$$

另外，函数 $H_d(x)$ 的海塞矩阵为

$$\nabla^2 H_d = \frac{2D}{(x_1^2 + x_2^2)^2} \begin{bmatrix} x_1 x_2 & x_2^2 \\ x_1^2 & -x_1 x_2 \end{bmatrix} + \frac{D}{(x_1^2 + x_2^2)^2} \begin{bmatrix} 0 & -x_1^2 + x_2^2 \\ x_1^2 + x_2^2 & 0 \end{bmatrix}$$

$$+ \frac{k_1}{(x_{1\star}^2 + x_{2\star}^2)^2} \begin{bmatrix} x_1^2 & x_1 x_2 \\ x_1 x_2 & x_2^2 \end{bmatrix} + \frac{k_1}{2(x_{1\star}^2 + x_{2\star}^2)^2} \left(x_1^2 + x_2^2 + k_2 \right) I_2$$

类似地，计算海塞矩阵在平衡点的形式并将 k_2 代入可得

$$\nabla^2 H_d \big|_{x=x_\star} = \frac{2D}{(x_{1\star}^2 + x_{2\star}^2)^2} \begin{bmatrix} x_{1\star} x_{2\star} & x_{2\star}^2 \\ x_{1\star}^2 & -x_{1\star} x_{2\star} \end{bmatrix} + \frac{x_{2\star}}{x_{1\star}^2 + x_{2\star}^2} I_2$$

$$+ \frac{D}{(x_{1\star}^2 + x_{2\star}^2)^2} \begin{bmatrix} 0 & -(x_{1\star}^2 + x_{2\star}^2) \\ x_{1\star}^2 + x_{2\star}^2 & 0 \end{bmatrix}$$

$$+ \frac{k_1}{(x_{1\star}^2 + x_{2\star}^2)^2} \begin{bmatrix} x_{1\star}^2 & x_{1\star} x_{2\star} \\ x_{1\star} x_{2\star} & x_{2\star}^2 \end{bmatrix}$$

$$= \frac{1}{(x_{1\star}^2 + x_{2\star}^2)^2}$$

$$\times \begin{bmatrix} 2D x_{1\star} x_{2\star} + k_1 x_{1\star}^2 + x_{2\star}(x_{1\star}^2 + x_{2\star}^2) \\ D(x_{2\star}^2 - x_{1\star}^2) + k_1 x_{1\star} x_{2\star} \end{bmatrix}$$

$$\begin{bmatrix} D(x_{2\star}^2 - x_{1\star}^2) + k_1 x_{1\star} x_{2\star} \\ -2D x_{1\star} x_{2\star} + k_1 x_{2\star}^2 + x_{2\star}(x_{1\star}^2 + x_{2\star}^2) \end{bmatrix}$$

上述矩阵的行列式为

$$\det \left[(x_{1\star}^2 + x_{2\star}^2)^2 \nabla^2 H_d \big|_{x=x_\star} \right] = 2D x_{1\star} x_{2\star} [k_1 x_{2\star}^2 - 2D x_{1\star} x_{2\star} + x_{2\star}(x_{1\star}^2 + x_{2\star}^2)]$$

$$+ k_1 x_{1\star}^2 [k_1 x_{2\star}^2 - 2D x_{1\star} x_{2\star} + x_{2\star}(x_{1\star}^2 + x_{2\star}^2)]$$

$$+ x_{2\star}(x_{1\star}^2 + x_{2\star}^2)[k_1 x_{2\star}^2 - 2D x_{1\star} x_{2\star}$$

$$+ x_{2\star}(x_{1\star}^2 + x_{2\star}^2)] - [D(x_{2\star}^2 - x_{1\star}^2) + k_1 x_{1\star} x_{2\star}]^2$$

$$= x_{2\star}^2 (x_{1\star}^2 + x_{2\star}^2)^2 - 4D^2 x_{1\star}^2 x_{2\star}^2 - D^2 (x_{2\star}^2 - x_{1\star}^2)^2$$

$$+ k_1 x_{2\star}^3 (x_{1\star}^2 + x_{2\star}^2) + k_1 x_{1\star}^2 x_{2\star}(x_{1\star}^2 + x_{2\star}^2)$$

$$= -D^2 (x_{1\star}^2 + x_{2\star}^2)^2 + x_{2\star}^2 (x_{1\star}^2 + x_{2\star}^2)^2$$

$$+ k_1 x_{2\star}(x_{1\star}^2 + x_{2\star}^2)^2$$

由于

$$2Dx_{1\star}x_{2\star} + k_1x_{1\star}^2 + x_{2\star}(x_{1\star}^2 + x_{2\star}^2) > 0$$

所以要使海塞矩阵 $\nabla^2 H_d|_{x=x_\star} > 0$，只需要满足以下条件：

$$k_1 > \frac{1}{x_{2\star}}(D^2 - x_{2\star}^2)$$

由于之前选取矩阵 $F_d(x)$ 满足

$$F_d + F_d^{\mathrm{T}} \equiv 0 \tag{9.24}$$

这暗示

$$\dot{H}_d(x) = \nabla H_d^{\mathrm{T}}\left(F_d + F_d^{\mathrm{T}}\right)\nabla H_d = 0$$

结合引理 9.1，上式表明在控制器 $\beta(x)$ 作用下闭环系统是稳定的，但不是渐近稳定的。

由文献 [139] 中的理论结果可知，为了保证闭环系统在平衡点是渐近稳定的，需要在控制器 $\beta(x)$ 中注入额外的虚拟阻尼项使得李雅普诺夫函数 $H_d(x)$ 所描述的存储能量逐渐衰减到其最小值，其中阻尼注入项可描述为

$$u_{\mathrm{DI}} = -k_p g(x)F_d\nabla H_d = k_p(D - x_1) \tag{9.25}$$

因此，在控制器 $u = \beta(x) - u_{\mathrm{DI}}$ 作用下闭环系统在平衡点 $x_\star$ 是渐近稳定的。最终，根据式 (9.4)，结合式 (9.25) 将控制器设计为

$$
\begin{aligned}
u(x, D) &= \beta(x, D) - u_{\mathrm{DI}} \\
&= (g^{\mathrm{T}}(x)g(x))^{-1}g^{\mathrm{T}}(x)\left(F_d(x)\nabla H_d(x) - f(x)\right) - u_{\mathrm{DI}} \\
&= \frac{D}{x_1^2 + x_2^2}\frac{x_1}{x_2} + \frac{k_1}{2(x_{1\star}^2 + x_{2\star}^2)^2}\left[(x_1^2 + x_2^2) - (x_{1\star}^2 + x_{2\star}^2)\right. \\
&\quad \left. + \frac{2x_{2\star}(x_{1\star}^2 + x_{2\star}^2)}{k_1}\right] - k_p(D - x_1)
\end{aligned} \tag{9.26}
$$

其次，证明性能 (2)。注意到李雅普诺夫函数 $H_d(x)$ 在 $\mathbb{R}_+^2$ 有一个正定的海塞矩阵，所以函数 $H_d(x)$ 为无界的且吸引区的子集为 $\{H_d(x) \leqslant c\}$，并且这些子集将构成吸引区的估计范围。类似地，当选取足够小的 c 时，给出吸引区估计。证毕。

9.4.2　自适应互联与阻尼配置控制器设计

为处理负载功率参数未知的情况，本节设计一个浸入与不变观测器，以在线估计参数 D。

定理 9.3 对于系统 (9.10)，浸入与不变观测器设计为

$$\hat{D} = -\frac{1}{2}\gamma x_2^2 + \hat{D}_I \tag{9.27}$$

$$\dot{\hat{D}}_I = \gamma x_1 x_2 u + \frac{1}{2}\gamma^2 x_2^2 - \gamma \hat{D}_I \tag{9.28}$$

其中，$\gamma > 0$ 为观测器参数；$\hat{D}_I$ 为中间变量。对于所有的初始条件，有

$$\lim_{t \to \infty} \hat{D}(t) = D$$

证明 定义观测器误差为 $\tilde{D} = \hat{D} - D$，因此误差 $\tilde{D}$ 沿系统 (9.10) 关于时间 t 的导数表示为

$$\dot{\tilde{D}} = -\gamma x_2 \dot{x}_2 + \dot{\hat{D}}_I$$
$$= -\gamma x_1 x_2 u + \gamma D + \dot{\hat{D}}_I$$

将式 (9.28) 代入上式可得

$$\dot{\tilde{D}} = \gamma D + \frac{1}{2}\gamma^2 x_2^2 - \gamma \hat{D}_I$$
$$= -\gamma \tilde{D}$$

基于上述分析可知，当 $\gamma > 0$ 时，观测器误差 $\tilde{D}$ 将指数收敛到原点。证毕。

结合浸入与不变观测器 (9.27) 和 (9.28) 以及状态反馈控制器 (9.17)，可以得到 DC-DC boost 变换器的一个自适应控制方案。以下定理将给出本章的稳定性证明。

定理 9.4 在控制器 (9.17) 及浸入与不变观测器 (9.27) 和 (9.28) 的作用下，闭环系统在平衡点 (x_*, D) 是局部渐近稳定的。

证明 控制器 (9.17)中的参数 D 由观测器 (9.27) 和 (9.28) 的估计值 $\hat{D}$ 代替，得到如下自适应形式：

$$\hat{u}(x, \hat{D}) = a_2(x) + b_2(x)D + b_2(x)\tilde{D} \tag{9.29}$$

其中，$a_2(x)$、$b_2(x)$ 为适当定义的函数。由定理 9.2 和定理 9.3 可知，闭环系统可以写为如下级联形式的系统：

$$\begin{cases} \dot{x} = \mathcal{F}_d(x)\nabla H_d(x) + g(x)b_2(x)\tilde{D} \\ \dot{\tilde{D}} = -\gamma \tilde{D} \end{cases} \tag{9.30}$$

其中，

$$\mathcal{F}_d(x) = \begin{bmatrix} -k_p x_1 & 1 \\ -1 & -k_p x_2 \end{bmatrix}$$

当 $\tilde{D} \equiv 0$ 时，系统 (9.30) 在平衡点是局部渐近稳定的。由于 $\tilde{D}$ 将指数收敛到原点，所以借助引理 9.1 关于级联系统的渐近稳定性结论完成对于整个闭环系统 (9.30) 在平衡点 $(x_\star, D)$ 是局部渐近稳定的证明。证毕。

9.5 仿 真 研 究

本节针对含恒功率负载的 DC-DC boost 变换器，对所提出的自适应互联与阻尼配置控制方法进行仿真分析，系统模型参数如表 9.1 所示。

表 9.1 含恒功率负载的 DC-DC boost 变换器系统模型参数

描述	参数	额定值
电感	L	47μH
电容	C	500μF
输入电压	E	10V
参考输出电压	$v_\star$	30V
负载功率	P	61.25W

对所提出控制方法进行仿真分析。由表 9.1 可以计算出，标量系统 (9.10) 的平衡点为 $x_\star = (0.59384, 3)^{\mathrm{T}}$，$D = 0.59384$。为了简单起见，响应曲线是以 x 或者 (i, v) 为坐标给出，二者之间的关系可以通过标量因子 (9.9) 进行转化。将系统 (9.10) 的初始状态设定为 $x(0) = [0.5, 1]^{\mathrm{T}}$，对于观测器 (9.28)，初始状态为 $\hat{D}(0) = D(0)$，控制器 (9.17) 参数选取为 $k_1 = 1$，其满足系统渐近稳定的充分条件 (9.18)。

仿真结果如图 9.2 和图 9.3 所示。由图 9.2 可以看出，观测器 (9.28) 的增益 γ 选取越大，收敛速度越快。需要注意的是，收敛速度和噪声之间存在折中关系。图 9.3 为系统的输出电压和电感电流响应曲线，从图中可以看出，选取的控制器参数 k_1 越大，系统暂态性能越好，且当存在参数变化时，输出电压的波动幅值较小。

图 9.4 给出了在互联与阻尼配置控制器 (9.17) 作用下闭环系统的相平面图，包括在不同初始条件下系统状态轨迹 (实线)、由式 (9.20) 定义吸引区 Ω(封闭区域) 及其子集 (虚线)。由图可以看出，正如期望的一样，当初始状态选取在吸引

区 Ω 内时，系统的状态轨迹都将收敛于平衡点。注意到，实际的吸引区要比估计的范围大。

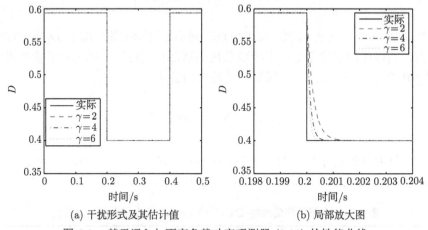

(a) 干扰形式及其估计值 　　　　　　(b) 局部放大图

图 9.2　基于浸入与不变负载功率观测器 (9.28) 的性能曲线

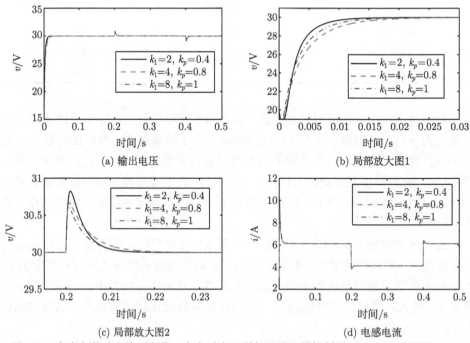

(a) 输出电压 　　　　　　(b) 局部放大图1

(c) 局部放大图2 　　　　　　(d) 电感电流

图 9.3　考虑负载功率阶跃变化，在自适应互联与阻尼配置控制器 (9.17) 和观测器(9.28)

($\gamma = 4$) 作用下选取不同控制增益时系统的响应曲线

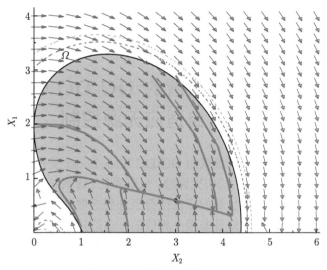

图 9.4 在互联与阻尼配置控制器 (9.17) 作用下闭环系统的相平面图

9.6 本 章 小 结

本章解决了负载功率参数未知情况下 DC-DC boost 变换器的电压调节问题,设计了自适应互联与阻尼配置控制器,使得闭环系统在平衡点具有更大的吸引区,并且有效抑制了负载功率变化对系统的影响。仿真结果验证了本章所提方法的有效性。

第 10 章 含恒功率负载的 DC-DC buck-boost 变换器自适应无源控制

本章将着重解决含恒功率负载的 DC-DC buck-boost 变换器系统的电压控制问题，这是一个目前广受关注的研究课题。众所周知，该系统的平均模型是一个双线性二阶系统，并且恒功率负载的存在使得当分别选取两个状态作为输出时，系统的零动态都是不稳定的，即是非最小相位的，这给控制器设计带来了不小的挑战。此外，在实际应用中很难准确测量负载功率参数。因此，本章提出一种自适应无源控制方法来解决上述问题。最后，通过仿真和实验验证相比于传统 PD 控制器，本章所提出方法的有效性和优越性。

10.1 引　　言

DC-DC buck-boost 变换器兼具 DC-DC buck 变换器和 DC-DC boost 变换器的功能，在选取电压等级时具有更大的灵活性，因此已经被广泛应用于电力系统中实现能量转化[159,160]。虽然在经典的电阻负载作用下该变换器的控制问题较为容易，但是在恒功率负载作用下，当分别选取两个状态作为输出时，系统的零动态都是不稳定的，即是非最小相位的，因此高性能控制器设计变得非常困难[114,125,128]。文献 [130] 详细分析了变换器系统中恒功率负载的存在形式且给出了综合评述。

目前针对这一课题的研究成果主要存在以下三个问题：第一，现存的许多研究成果都是基于线性化后的模型进行控制器设计的，从而导致系统在变工况、大干扰及电路参数摄动情况下很难获得满意的性能；第二，虽然现有文献对原始非线性系统的模型已经给出基于无源性理论的控制方法，但是未对系统零动态的稳定性进行分析，导致其控制器设计不严谨；第三，现有控制方法实现过程中都需要假设负载功率精确已知，然而在实际工程领域很难准确测量这个参数。值得一提的是，由于电力分配系统日趋复杂，接入的新能源系统进一步增加了变换器模型参数的不确定性。另外，微电网系统未来发展趋势对其控制器的鲁棒性、自适应性和智能化提出了新的要求，因此传统的线性控制方法已经难以满足工程实际需要。

目前，较少有研究结果是针对含恒功率负载的 DC-DC buck-boost 变换器这样一个非线性系统直接进行控制器设计和稳定性分析的，因此该研究问题仍待解决。基于此目的，本章提出自适应能量整形控制方法来调节含恒功率负载的 DC-DC buck-boost 变换器的输出电压，其创新性在于以下方面：

(1) 提出一种无源控制器来保证闭环系统在平衡点是渐近稳定的，并且给出严格定义的吸引区估计范围。

(2) 基于浸入与不变理论设计观测器，实现在线估计负载功率参数。

(3) 证明在选取两个不同输出时，系统的零动态是不稳定的。

10.2　系统模型、问题描述和零动态稳定性分析

本节给出含恒功率负载的 DC-DC buck-boost 变换器的系统模型、问题描述及其零动态稳定性分析。

10.2.1　系统模型

含恒功率负载的 DC-DC buck-boost 变换器拓扑结构如图 10.1 所示。假设变换器工作在电流连续模式下，系统的平均模型可以描述为

$$L\dot{i} = -(1-u)v + uE \tag{10.1}$$

$$C\dot{v} = (1-u)i - \frac{P}{v} \tag{10.2}$$

其中，$i \in \mathbb{R}_+$ 表示电感电流；$v \in \mathbb{R}_+$ 表示输出电压；$P \in \mathbb{R}_+$ 表示负载功率；$E \in \mathbb{R}_+$ 表示输入电压；$u \in [0,1]$ 表示占空比。通过简单运算，给出系统 (10.2) 的平衡点集为

$$\mathcal{E} = \left\{ (i,\ v) \in \mathbb{R}_+^2 \mid i - P\sqrt{\frac{L}{C}}\left(\frac{1}{v} + \frac{1}{E}\right) = 0 \right\} \tag{10.3}$$

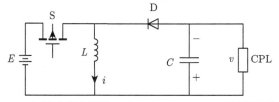

图 10.1　含恒功率负载的 DC-DC buck-boost 变换器拓扑结构

10.2.2　问题描述

系统 (10.2) 的负载功率 P 是未知的，但电路参数 L、C 和 E 是已知的。系统的平衡点表示为 $(i_\star, v_\star) \in \mathcal{E}$，控制问题就可阐述为设计一个状态反馈控制器

$u(i, v)$ 使得闭环系统在平衡点 $(i_\star, v_\star)$ 是渐近稳定的，并且给出一个严格定义的吸引区保证闭环系统的收敛特性。

为了简单且不失一般性，给出如下正规化模型。首先利用如下坐标变换：

$$\begin{cases} x_1 = \dfrac{1}{E}\sqrt{\dfrac{L}{C}}\,i \\[2mm] x_2 = \dfrac{1}{E}v \end{cases} \tag{10.4}$$

然后进行时间变量变换 $\tau = \dfrac{t}{\sqrt{LC}}$，得到

$$\begin{cases} \dot{x}_1 = -(1-u)x_2 + u \\[2mm] \dot{x}_2 = (1-u)x_1 - \dfrac{D}{x_2} \end{cases} \tag{10.5}$$

其中，$D = \dfrac{1}{E^2}\dfrac{L}{C}P$；$(\dot{\,})$ 表示 $\dfrac{\mathrm{d}}{\mathrm{d}\tau}(\cdot)$，所有的信号在新的时间标量 τ 下被描述。在 x 坐标下，平衡点集 $\mathcal{E}$ 描述为

$$\mathcal{E}_x = \left\{ x \in \mathbb{R}_+^2 \mid x_1 - \dfrac{D}{x_2} - D = 0 \right\} \tag{10.6}$$

控制问题描述为针对系统 (10.5) 设计一个控制器 $u(x)$ 使得闭环系统在平衡点 $x_\star$ 是渐近稳定的。

10.2.3　零动态稳定性分析

当系统 (10.5) 分别选取两个状态作为输出时，其零动态都是不稳定的，这阻碍了采用控制电感电流实现对输出电压的间接控制方案。以下将给出具体的分析。

定理 10.1　对于系统 (10.5)，下列描述成立：

(1) 当系统输出选取为 $x_1 - x_{1\star}$ 时，其零动态是不稳定的。

(2) 当系统输出选取为 $x_2 - x_{2\star}$ 时，其零动态也是不稳定的。

证明　令 $x_1 = x_{1\star}$，结合系统 (10.5) 第一个方程得到

$$u = \dfrac{x_2}{x_2 + 1} \tag{10.7}$$

将式 (10.7) 代入式 (10.5) 第二个方程，得到它的零动态为

$$\dot{x}_2 = \dfrac{D}{x_{2\star}x_2(x_2 + 1)}(x_2 - x_{2\star}) = s(x_2) \tag{10.8}$$

函数 $s(x_2)$ 的斜率在平衡点 $x_2 = x_{2\star}$ 处可描述为

$$s'(x_2)|_{x_2=x_{2\star}} = \frac{D}{x_{2\star}^2(1+x_{2\star})}$$

由于 $x_{2\star} > 0$，所以系统 (10.8) 在平衡点 $x_{2\star}$ 处是不稳定的。

另外，令 $x_2 = x_{2\star}$，结合系统 (10.5) 的第二个方程得到

$$u = 1 - \frac{D}{x_1 x_{2\star}} \tag{10.9}$$

将式 (10.9) 代入式 (10.5) 的第一个方程，可得

$$\dot{x}_1 = 1 - \frac{x_{1\star} - D}{x_1} = w(x_1) \tag{10.10}$$

类似地，得到

$$w'(x_1)|_{x_1=x_{1\star}} = \frac{x_{1\star} - D}{x_{1\star}^2}$$

由于 $x_{1\star} = D\left(1 + \dfrac{1}{x_{2\star}}\right) > D$，可知 $w'(x_1)|_{x_1=x_{1\star}} > 0$。因此，系统 (10.10) 在平衡点 $x_{1\star}$ 处是不稳定的。证毕。

注解 10.1　正如定理 10.1 给出的，当选取输出为 $x_1 - x_{1\star}$ 时，系统 (10.5) 的零动态是不稳定的。由上述分析可知，文献 [158] 给出的稳定性结论是不严谨的。在该文献中，选取输出为 $x_1 = x_{1\star}$ 情况下，提出了一种基于标准无源控制器。实际上，从文献 [145] 可知，设计标准无源控制器需保证其零动态是渐近稳定的，因为这类控制器包含零动态的逆，所以若零动态不稳定，则会使得整个闭环系统也是不稳定的。在其最终的控制方案中，虽然在标准无源控制器的基础之上补偿了一个 PID 控制器，实现了电压调节的目的，但是理论分析仍然缺乏严谨性。

10.3　电压控制器设计

本节在假设负载功率参数 D 已知的情况下，采用引理 9.1 设计电压控制器。

10.3.1　无源控制器设计

定理 10.2　对于系统 (10.5)，无源控制器设计为

$$u = \beta(x, D)$$

$$= \frac{1}{x_1^2 + (x_2+1)^2} \left[x_2(x_2+1) + x_1\left(x_1 - \frac{D}{x_2}\right) - \left[\frac{x_2(x_2+1)}{x_1} + \frac{2x_1x_2}{x_2+1}\right] \right.$$

$$\times \left\{ k_1 x_1 \left[2(k_2 + x_1^2) + x_2^2 - \frac{D(1+x_2)}{2x_1^2 + x_2^2} \right] + \frac{\sqrt{2}Dx_1 \arctan\left(x_1 \Big/ \sqrt{x_1^2 + \frac{x_2^2}{2}}\right)}{(2x_1^2 + x_2^2)^{\frac{3}{2}}} \right\}$$

$$+ \frac{1}{2x_2(2x_1^2 + x_2^2)^{\frac{3}{2}}} \left[\frac{2x_1^2}{(x_2+1)^2} - 2x_2 \right] \left(\sqrt{2x_1^2 + x_2^2}\left\{ 2Dx_1(1+x_2) + x_2(2x_1^2 \right.\right.$$

$$\left.\left. + x_2^2)[-1 + 2k_1 x_2(k_2 + x_1^2) + k_1 x_2^3] \right\} + \sqrt{2}Dx_2^2 \arctan\left(x_1 \Big/ \sqrt{x_1^2 + \frac{x_2^2}{2}}\right) \right) \right]$$

$$(10.11)$$

其中，k_1 表示控制器增益，满足 $k_1 \subset \chi$ 且

$$k_2 = \frac{1}{k_1}\left[\frac{D(1+x_{2\star})}{2x_{1\star}(2x_{1\star}^2 + x_{2\star}^2)} - \frac{\sqrt{2}Dx_{1\star}\arctan\left(x_{1\star}\Big/\sqrt{x_{1\star}^2 + \frac{x_{2\star}^2}{2}}\right)}{2x_{1\star}(2x_{1\star}^2 + x_{2\star}^2)^{\frac{3}{2}}} \right] - \frac{x_{2\star}^2}{2} - x_{1\star}^2$$

$$(10.12)$$

(1) $x_\star \in \mathcal{E}_x$ 是闭环系统的平衡点且李雅普诺夫函数可描述为

$$H_d(x) = -\frac{1}{2}\left[x_2 + \sqrt{2}D\arctan\left(\frac{\sqrt{2}x_1}{x_2}\right) \right] - \frac{D\arctan\left(x_1 \Big/ \sqrt{x_1^2 + \frac{x_2^2}{2}}\right)}{2\sqrt{x_1^2 + \frac{x_2^2}{2}}}$$

$$+ \frac{k_1}{2}\left(x_1^2 + \frac{x_2^2}{2} + k_2 \right)^2$$

$$(10.13)$$

(2) 吸引区估计范围可定义为

$$\Omega = \{x \in \mathbb{R}_+^2 \mid H_d(x) \leqslant c\} \tag{10.14}$$

也就是当所有的初始条件 $x(0) \subset \Omega$ 时，得到 $x(t) \subset \Omega, \forall t \geqslant 0$ 且 $\lim\limits_{t \to \infty} x(t) = x_\star$。

下面给出控制器参数 k_1 需满足的充分条件，定义多项式

$$h(x_\star) = 4x_{1\star}^3 + 4x_{1\star}^5 x_{2\star}^3 + 2x_{1\star}^3 x_{2\star}^4 + x_{1\star} x_{2\star}^2 + x_{1\star} x_{2\star}^7 - 8x_{1\star}^7 - 4x_{1\star}^5 x_{2\star}^2 \tag{10.15}$$

以及两个常数

$$k_1' = \frac{\dfrac{6\sqrt{2}Dx_{1\star} \arctan\left(x_{1\star} \Big/ \sqrt{x_{1\star}^2 + \dfrac{1}{2}x_{2\star}^2}\right)}{\sqrt{2x_{1\star}^2 + x_{2\star}^2}} - D\big[x_{2\star}^2(1 + x_{2\star}) + x_{1\star}^2(8 + 6x_{2\star})\big]}{4x_{1\star}^3(2x_{1\star}^2 + x_{2\star}^2)^2}$$

$$k_1'' = -\frac{1}{D(2x_{1\star}^2 + x_{2\star}^2)^2 h(x_\star)} \times \left\{ 2D^2\big[x_{2\star}^2(1 + x_{2\star}) + x_{1\star}^2(8 + 6x_{2\star})\big] \right.$$

$$\times \Big[-4x_{1\star}^4 + x_{2\star}^4(1 + x_{2\star}) - x_{1\star}^2 x_{2\star}^2(3 + x_{2\star})\Big] - 2x_{1\star}^2\big[x_{2\star}^2(2 + x_{2\star})$$

$$-2x_{1\star}^2(2 + 2x_{2\star})\big]^2 - 3\sqrt{2}x_{1\star} x_{2\star}^4\big[x_{2\star}^2(1 + x_{2\star}) + x_{1\star}^2(8 + 6x_{2\star})\big]$$

$$\times \frac{\arctan\left(x_{1\star} \Big/ \sqrt{x_{1\star}^2 + \dfrac{x_{2\star}^2}{2}}\right)}{\sqrt{2x_{1\star}^2 + x_{2\star}^2}} - 6\sqrt{2}Dx_{1\star}^3\big[-4x_{1\star}^4 + x_{2\star}^4(1 + x_{2\star})$$

$$\left. -2x_{1\star}^2 x_{2\star}^2(3 + x_{2\star})\big]\frac{\arctan\left(x_{1\star} \Big/ \sqrt{x_{1\star}^2 + \dfrac{x_{2\star}^2}{2}}\right)}{\sqrt{2x_{1\star}^2 + x_{2\star}^2}} \right\} \tag{10.16}$$

选取 k_1 满足如下条件：

$$\begin{cases} k_1 > \max\{k_1', k_1''\}, & h(x_\star) > 0 \\ k_1 \in (k_1'', k_1'), & h(x_\star) < 0 \end{cases}$$

证明　详细证明参见附录。

10.3.2　自适应能量整形控制器设计

本节考虑参数 D 未知的情况，采用负载功率观测器来解决参数估计的问题。

定理 10.3　考虑含恒功率负载的 DC-DC buck-boost 变换器系统，控制器 (10.11) 的自适应形式可描述为

$$\hat{u} = \hat{\beta}(x, \hat{D}) \tag{10.17}$$

其中，$\hat{D}$ 是由以下观测器给出的估计值：

$$\hat{D} = -\frac{1}{2}\gamma x_2^2 + \hat{D}_I \tag{10.18}$$

$$\dot{\hat{D}}_I = \gamma x_1 x_2(1-u) + \frac{1}{2}\gamma^2 x_2^2 - \gamma\hat{D}_I \tag{10.19}$$

这里，$\gamma > 0$ 为观测器增益。对于所有的初始条件，有

$$\lim_{t\to\infty}\hat{D}(t) = D \tag{10.20}$$

证明　定义估计误差为 $\tilde{D} = \hat{D} - D$，$\tilde{D}$ 沿系统 (10.5) 关于时间 t 的导数可以表示为

$$\dot{\tilde{D}} = -\gamma x_2\dot{x}_2 + \dot{\hat{D}}_I$$
$$= -\gamma x_1 x_2(1-u) + \gamma D + \dot{\hat{D}}_I$$

将式 (10.19) 代入上式可得

$$\dot{\tilde{D}} = \gamma D + \frac{1}{2}\gamma^2 x_2^2 - \gamma\hat{D}_I$$
$$= -\gamma\tilde{D}$$

基于上述分析得到结论 (10.20)。

为了证明平衡点 $(x, \hat{D}) = (x_\star, D)$ 的渐近稳定性，注意到控制器 (10.11) 中状态 x 与参数 D 是线性关系，可以将自适应控制器 (10.17) 写为

$$\hat{\beta}(x, \hat{D}) = a_3(x) + b_3(x)D + b_3(x)\tilde{D}$$

其中，$a_3(x)$、$b_3(x)$ 表示适当定义的函数。与定理 9.4 类似，得到如下级联系统形式：

$$\begin{cases} \dot{x} = F_d(x)\nabla H_d(x) + g(x)b_3(x)\tilde{D} \\ \dot{\tilde{D}} = -\gamma\tilde{D} \end{cases} \tag{10.21}$$

证明过程和定理 9.4 一样，仍采用引理 7.4 中关于级联系统的渐近稳定性结论得出闭环系统 (10.21) 在平衡点是局部渐近稳定的结论。证毕。

10.4　仿真和实验

10.4.1　仿真结果

本节首先通过仿真研究验证所提自适应无源控制器的有效性,并且与传统 PD 控制器作用下的闭环系统暂态性能进行对比,系统参数如表 10.1 所示。对于时间标量系统 (10.4),平衡点为 $x_\star = (0.7423,\ 4)^{\mathrm{T}}$,$D = 0.59384$。为了简单起见,仿真曲线以 x 或者 (i, v) 坐标来表示。

表 10.1　含恒功率负载的 DC-DC buck-boost 变换器系统参数

描述	参数	额定值
电感	L	107.5μH
电容	C	1380μF
输入电压	E	10V
参考输出电压	$v_\star$	40V
负载功率	P	50W

1. PD 控制器

为了说明传统 PD 控制器的局限性, 以下给出该控制器的设计过程及稳定性分析。对于系统 (10.5), 可以得到如下误差系统:

$$\dot{e}_1 = -(1 - e_u - u_\star)(e_2 + x_{2\star}) + e_u + u_\star \tag{10.22}$$

$$\dot{e}_2 = (1 - e_u - u_\star)(e_1 + x_{1\star}) - \frac{D}{e_2 + x_{2\star}} \tag{10.23}$$

其中, 定义跟踪误差为

$$e_1 = x_1 - x_{1\star},\ e_2 = x_2 - x_{2\star},\ e_u = u - u_\star$$

这里, $u_\star = \dfrac{x_{2\star}}{1 + x_{2\star}}$。对于误差系统 (10.22) 和 (10.23), 设计如下 PD 控制器:

$$e_u = k_p e_1 + k_d e_2 \tag{10.24}$$

其中, k_p、k_d 为控制器增益。注意到平衡点 $x_{1\star}$、$u_\star$ 的计算需要 D 的精确信息, 闭环系统 $\dot{e} = F(e)$ 的雅可比矩阵可以描述为

$$J = \left[\begin{array}{cc} \nabla_{e_1} F_1(e) & \nabla_{e_2} F_1(e) \\ \nabla_{e_1} F_2(e) & \nabla_{e_2} F_2(e) \end{array} \right] \Bigg|_{e=0}$$

$$= \begin{bmatrix} k_p(1+x_{2\star}) & k_d + k_d x_{2\star} - \dfrac{1}{1+x_{2\star}} \\ \dfrac{1}{1+x_{2\star}} - \dfrac{Dk_p(1+x_{2\star})}{x_{2\star}} & -\dfrac{D[-1+k_d x_{2\star}(1+x_{2\star})]}{x_{2\star}^2} \end{bmatrix}$$

其中，$\nabla_{e_i} F_j(e) = \dfrac{\partial F_j(e)}{\partial e_i}$。矩阵 J 是 Hurwitz 的当且仅当

$$\mathrm{tr}(J) = k_p(1+x_{2\star}) - k_d D\left(\frac{1}{x_{2\star}} + 1\right) + \frac{D}{x_{2\star}^2} > 0$$

$$\det(J) = k_p \frac{D}{x_{2\star}^2} - k_d + \frac{1}{(x_{2\star}+1)^2} < 0$$

定义以下两个正常数：

$$m_1 = \frac{x_{2\star}}{D}, \quad b_1 = \frac{1}{x_{2\star} + x_{2\star}^2} \tag{10.25}$$

$$m_2 = \frac{D}{x_{2\star}^2}, \quad b_2 = \frac{1}{(1+x_{2\star})^2} \tag{10.26}$$

将以上两个公式重写为如下不等式：

$$m_2 k_p + b_2 > k_d > m_1 k_p + b_1 \tag{10.27}$$

注意到 m_1 的分母和 m_2 的分子与参数 D 有关，所以当负载功率变化时，很难给出比较理想的控制器增益。

2. 数值仿真

对 PD 控制器 (10.24) 和所提出的无源控制器 (10.11) 分别作用下闭环系统的性能在相应的相平面进行对比分析。

图 10.2 给出了无源控制器作用下闭环系统的相平面图，包括在不同初始条件下的状态轨迹 (实线)、由式 (10.14) 定义的吸引区 Ω 和由函数 $H_d(x)$ 的水平集给出的吸引区估计 (虚线)。正如预期，当初始条件选取在区域 Ω 内时，状态轨迹将趋向于平衡点，注意到实际的吸引区要比估计的区域大得多。然而，从图 10.2(b) 可以看出，在第一象限存在一个鞍点。由图 10.2(a) 和图 10.2(c) 可知，当选取较小的增益 k_1 时，吸引区较大。图 10.2(d) 中验证了 DC-DC buck-boost 变换器系统也可以很好地工作在 buck 模式下。

图 10.3 为 PD 控制器 (10.24) 作用下闭环系统的相平面图，其中选取控制器增益为 $k_p = -0.4$、$k_d = -1.5$，其满足充分条件 (10.27)，具体形式如下：

$$0.037k_p + 0.04 > k_d > 6.7358k_p + 0.0588$$

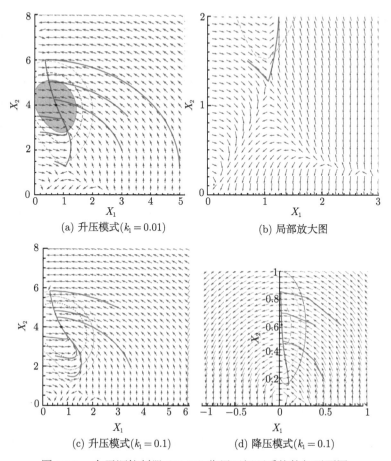

(a) 升压模式($k_1 = 0.01$)　　　　(b) 局部放大图

(c) 升压模式($k_1 = 0.1$)　　　　(d) 降压模式($k_1 = 0.1$)

图 10.2　在无源控制器 (10.11) 作用下闭环系统的相平面图

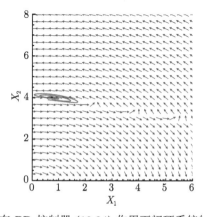

图 10.3　在 PD 控制器 (10.24) 作用下闭环系统的相平面图

从图 10.3 中可以看出,当初始状态选取在平衡点附近时,状态轨迹将趋向于期望值。然而与图 10.2 相比,在无源控制器作用下,闭环系统在平衡点具有更大的吸引区且能给出估计范围。

随后,对比无源控制器和 PD 控制器分别作用下闭环系统的暂态性能。控制器参数选取为 $k_1 = 0.01$、$k_p = -0.4$、$k_d = -1.5$,系统初始状态为 $x(0) = [0.4, 3.9]^{\mathrm{T}}$,输出电压和控制量的仿真结果如图 10.4 所示。从图中可以看出,在控制量公平的情况下,自适应无源控制器作用下的闭环系统相比 PD 控制器具有更好的暂态性能。

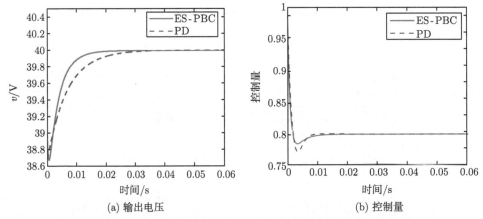

(a) 输出电压   (b) 控制量

图 10.4   在无源控制器 (10.11) 和 PD 控制器分别作用下系统的响应曲线

当选取不同控制器增益 k_1 和观测器增益 $\gamma = 1$ 且考虑负载功率阶跃变化时,输出电压和电感电流响应曲线如图 10.5 所示。从图中可以看出,当选取较大的控制器增益 k_1 时,输出电压的收敛速度很快,并且当 D 阶跃变化时,输出电压能很快恢复到期望值。需要注意的是,在这种情况下传统 PD 控制器作用下闭环系统是不稳定的。

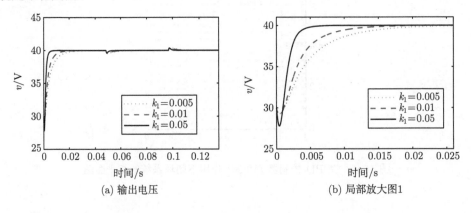

(a) 输出电压   (b) 局部放大图1

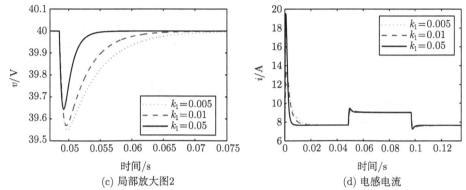

(c) 局部放大图2　　　　　　　　　(d) 电感电流

图 10.5　考虑负载功率阶跃变化，在自适应无源控制器 (10.11) 和观测器 (10.19) ($\gamma = 1$) 作
用下选取不同 k_1 时系统的响应曲线

图 10.6 为考虑参数 D 变化的形式及其在不同增益 γ 下的观测器性能曲线。
正如预期，选取的增益 γ 越大，观测器收敛速度越快，然而 γ 的选取和噪声之间
存在折中关系。

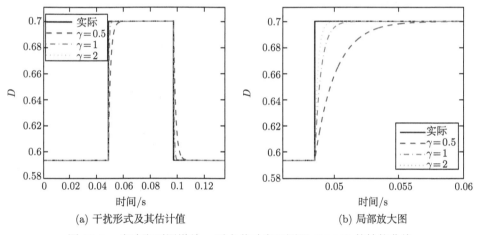

(a) 干扰形式及其估计值　　　　　　　(b) 局部放大图

图 10.6　当选取不同增益 γ 时负载功率观测器 (10.19) 的性能曲线

10.4.2　实验结果

为了进一步验证所提控制方法的有效性，搭建如图 10.7 所示含恒功率负载
的 DC-DC buck-boost 变换器实验平台，电路参数如表 10.1 所示。硬件电路包
含两个集成的变换器板 (Vishay Dale MPCA75136)，以级联的形式连接并把后级
DC-DC buck 变换器作为前级 DC-DC buck-boost 变换器的恒功率负载。自适应
无源控制系统原理框图如图 10.8 所示。以下实验研究分别考虑了变换器的 boost
和 buck 两个工作模式。

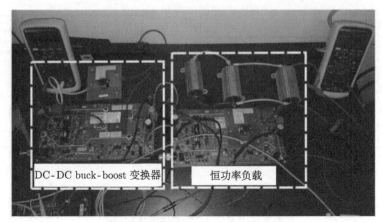

图 10.7　含恒功率负载的 DC-DC buck-boost 变换器实验平台

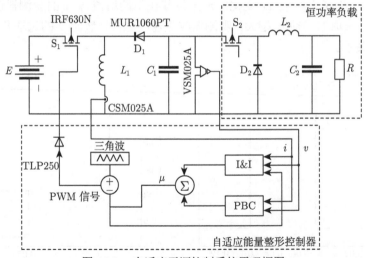

图 10.8　自适应无源控制系统原理框图

I & I 表示浸入与不变观测器

1. boost 模式

输入电压 E 分别选取为 10V 和 15V，输出电压 $v_\star$ 分别选取为 40V 和 25V，负载功率 P 阶跃变化，实验结果如图 10.9 和图 10.10 所示。

2. buck 模式

输入电压 E 分别选取为 25V 和 15V，输出电压 $v_\star$ 分别选取为 15V 和 12V，负载功率 P 阶跃变化，实验结果如图 10.11 和图 10.12 所示。

综上所述，从仿真和实验结果可以看出，本章所提控制方法有效提升了系统的抗干扰能力和跟踪性能。

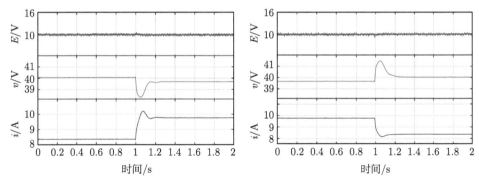

(a) 负载功率 P 由30W变为50W　　　　　　　(b) 负载功率 P 由50W变为30W

图 10.9　考虑负载功率阶跃变化，在自适应无源控制器 (10.11) 和观测器 (10.19) $(k_1 = 0.1,$ $\gamma = 1)$ 作用下系统的响应曲线 $(E = 10\text{V}, v_\star = 40\text{V})$

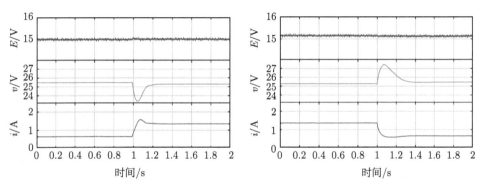

(a) 负载功率 P 由6W变为12W　　　　　　　(b) 负载功率 P 由12W变为6W

图 10.10　考虑负载功率阶跃变化，在自适应无源控制器 (10.11) 和观测器 (10.19) $(k_1 = 0.1,$ $\gamma = 1)$ 作用下系统的响应曲线 $(E = 15\text{V}, v_\star = 25\text{V})$

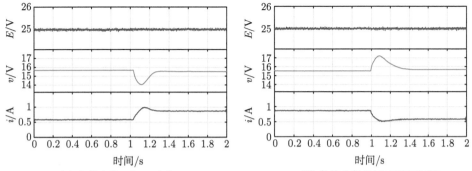

(a) 负载功率 P 由5W变为7.5W　　　　　　　(b) 负载功率 P 由7.5W变为5W

图 10.11　考虑负载功率阶跃变化，在自适应无源控制器 (10.11) 和观测器 (10.19) $(k_1 = 0.1,$ $\gamma = 1)$ 作用下系统的响应曲线 $(E = 25\text{V}, v_\star = 15\text{V})$

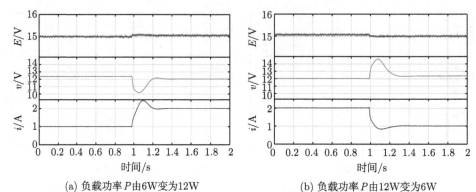

(a) 负载功率 P 由 6W 变为 12W　　　　　　(b) 负载功率 P 由 12W 变为 6W

图 10.12　考虑负载功率阶跃变化，在自适应无源控制器 (10.11) 和观测器 (10.19) ($k_1 = 0.1$, $\gamma = 1$) 作用下系统的响应曲线 ($E = 15$V, $v_\star = 12$V)

10.5　本章小结

本章解决了在负载功率参数 D 未知的情况下含恒功率负载的 DC-DC buck-boost 变换器的电压控制问题，提出了自适应无源电压控制器。首先，假设参数 D 是已知的，设计了无源控制器；其次，提出了具有全局收敛特性的浸入与不变观测器在线估计负载功率参数，使得上述控制器对于参数 D 是自适应的；最后，证明了整个闭环系统在平衡点是局部渐近稳定的。仿真和实验结果验证了所提出方法的有效性。

第 11 章 含恒功率负载的 DC-DC buck-boost 变换器自适应双环能量整形控制

第 10 章研究了含恒功率负载的 DC-DC buck-boost 变换器电压控制问题, 本章将对这个系统进行进一步的研究。与第 10 章相比, 本章的创新之处在于采用双环能量整形控制方法来提升系统的抗干扰能力和暂态性能。

11.1 引 言

第 10 章针对含恒功率负载的 DC-DC buck-boost 变换器系统的相关研究成果已经给出综合评述, 分析了各自的优点和缺点, 本章在第 10 章的基础之上针对此系统做出进一步研究。从定理 10.2 可以看出, 其能量整形控制器的求解过程较复杂。本章在简化控制器求解过程的前提下, 进一步提升系统的控制性能。设计内容包括: 首先, 基于坐标变换和反馈线性化技术将原系统转换为一个级联系统, 并对此系统设计一个能量整形控制器; 其次, 在此控制器外环增加一个作用在新的无源输出的 PI 控制器, 以提升系统的暂态性能和抗干扰能力。通过仿真和实验来揭示所提出方法的优越性。

11.2 电压控制器设计

第 5 章给出了含恒功率负载的 DC-DC boost 变换器的系统模型和问题描述, 本章将直接对其进行控制器设计, 设计过程包含以下三个步骤:

(1) 采用坐标变换和反馈线性化方法将原系统转换为一个级联形式的系统。

(2) 应用无源性理论来整形该系统的能量函数, 保证闭环系统在平衡点是稳定的。

(3) 增加一个 PI 控制器作用在新的无源输出, 实现闭环系统在平衡点的渐近稳定性且有效提升系统的暂态性能和抗干扰能力。

11.2.1 双环能量整形控制器设计

自适应双环能量整形控制系统原理图如图 11.1 所示, 下面给出具体的设计过程。

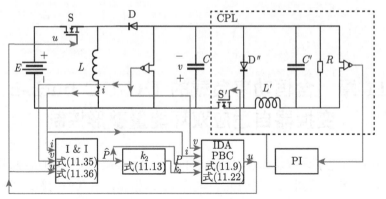

图 11.1　自适应双环能量整形控制系统原理图

IDA (interconnection and damping assignment) 指互联与阻尼配置

1. 坐标变换

定理 11.1　对于系统 (10.5)，考虑如下坐标变换：

$$z = \Phi(x) = \begin{bmatrix} \dfrac{1}{2}(x_1^2 + x_2^2) + x_2 \\ x_2 \end{bmatrix} \tag{11.1}$$

控制输入 u 设计为

$$u = 1 - \frac{1}{x_1}\left(\frac{D}{x_2} + w\right) \tag{11.2}$$

得到如下级联形式的系统：

$$\begin{cases} \dot{z}_1 = \sqrt{2z_1 - z_2^2 - 2z_2} - D\left(1 + \dfrac{1}{z_2}\right) \\ \dot{z}_2 = w \end{cases} \tag{11.3}$$

证明　首先，当控制输入 u 设计为式 (11.2) 时，结合系统 (10.5) 得到

$$\dot{x}_2 = w$$

由此考虑如下坐标变换：

$$z = \Phi(x) = \begin{bmatrix} \Phi_1(x) \\ x_2 \end{bmatrix} \tag{11.4}$$

为了得到级联结构，选取 $\Phi_1(x)$ 使得

$$\frac{\partial \Phi_1}{\partial x} g(x) = 0$$

获得以下偏微分方程：

$$(1 + x_2)\frac{\partial \Phi_1}{\partial x_1} - x_1\frac{\partial \Phi_1}{\partial x_2} = 0 \tag{11.5}$$

式 (11.5) 的解可以描述为

$$\Phi_1(x) = \Psi\left[\frac{1}{2}(x_1^2 + x_2^2) + x_2\right]$$

其中，$\Psi(\cdot)$ 是任意光滑函数。为了简单起见，选取 $\Psi(s) = s$，因此可以得到

$$\begin{aligned}
\dot{z}_1 &= \frac{\partial \Phi_1}{\partial x}f(x) \\
&= [x_1, 1 + x_2]\begin{bmatrix} -x_2 \\ x_1 - \dfrac{D}{x_2} \end{bmatrix} \\
&= x_1 - D\left(1 + \frac{1}{x_2}\right)
\end{aligned} \tag{11.6}$$

结合 $z_2 = x_2$ 和式 (11.4) 得到

$$x_1 = \sqrt{2z_1 - z_2^2 - 2z_2}$$

将上式代入式 (11.6) 得到系统 (11.3)。证毕。

通过简单运算得到系统在 z 坐标下的平衡点集为

$$\mathcal{E}_z = \left\{z \in \mathbb{R}_+^2 \mid \sqrt{2z_1 - z_2^2 - 2z_2} - D\left(1 + \frac{1}{z_2}\right) = 0\right\} \tag{11.7}$$

因此，对于 $z_{2\star} \in \mathbb{R}_+$，相应的 $z_{1\star} \in \mathbb{R}_+$ 可以表示为

$$z_{1\star} = \frac{D^2}{2}\left(1 + \frac{1}{z_{2\star}}\right)^2 + \frac{z_{2\star}^2}{2} + z_{2\star} \tag{11.8}$$

2. 内环能量整形控制器设计

定理 11.2　假设参数 D 已知，内环能量整形控制器设计为

$$w = ak_1(k_2 + z_1) - \arctan\left(\frac{1 + z_2}{\sqrt{2z_1 - z_2^2 - 2z_2}}\right) + w_{\text{PI}} \tag{11.9}$$

其中，k_1、k_2 和 a 表示非零常数；w_{PI} 表示外环信号。

(1) 闭环系统可以表示为如下端口哈密顿形式：

$$\dot{z} = \begin{bmatrix} 0 & -a \\ a & 0 \end{bmatrix} \nabla H_d(z) + \begin{bmatrix} 0 \\ 1 \end{bmatrix} w_{\mathrm{PI}} \tag{11.10}$$

其中，

$$H_d(z) = \frac{1}{2a}\Bigg[2Dz_2 - (1+z_2)\sqrt{2z_1 - z_2^2 - 2z_2} - (1+2z_1)$$

$$\times \arctan\left(\frac{1+z_2}{\sqrt{2z_1 - z_2^2 - 2z_2}}\right) + 2D\ln z_2 \Bigg] + \frac{k_1}{2}(z_1 + k_2)^2$$

$$\tag{11.11}$$

(2) 令 $z_{2\star} \in \mathbb{R}_+$，通过式 (11.8) 计算 $z_{1\star} \in \mathbb{R}_+$。

选取 k_1 和 a 满足

$$\begin{cases} a < z_{2\star}^3 - D^2 \\ k_1 > \dfrac{z_{2\star}^4}{aD(1+z_{2\star})^2(z_{2\star}^3 - D^2)} - \dfrac{z_{2\star}}{aD(1+2z_{1\star})} \end{cases} \tag{11.12}$$

选取常数 k_2 满足

$$k_2 = \frac{1}{ak_1}\arctan\left(\frac{1+z_{2\star}}{\sqrt{2z_{1\star} - z_{2\star}^2 - 2z_{2\star}}}\right) - z_{1\star} \tag{11.13}$$

若 $w_{\mathrm{PI}} = 0$，则闭环系统在平衡点 $z_\star$ 是稳定的，其中李雅普诺夫函数为 $H_d(z)$。

证明　能量整形技术的思想就是寻求设计一个状态反馈控制器 w 使得系统动态满足

$$\begin{bmatrix} \sqrt{2z_1 - z_2^2 - 2z_2} - D\left(1 + \dfrac{1}{z_2}\right) \\ w \end{bmatrix} \equiv \begin{bmatrix} 0 & -a \\ a & 0 \end{bmatrix} \nabla H_d(z) + \begin{bmatrix} 0 \\ 1 \end{bmatrix} w_{\mathrm{PI}} \tag{11.14}$$

上述等式可以写为由偏微分方程定义的匹配方程：

$$\sqrt{2z_1 - z_2^2 - 2z_2} - D\left(1 + \frac{1}{z_2}\right) + a\frac{\partial H_d}{\partial z_2} = 0 \tag{11.15}$$

偏微分方程 (11.15) 的解为

$$H_d(z) = \frac{1}{2a}\left[2Dz_2 - (1+z_2)\sqrt{2z_1 - z_2^2 - 2z_2} - (1+2z_1)\right.$$

$$\left. \times \arctan\left(\frac{1+z_2}{\sqrt{2z_1 - z_2^2 - 2z_2}}\right) + 2D\ln z_2\right] + \Theta(z_1) \qquad (11.16)$$

其中，$\Theta(\cdot)$ 是任意光滑函数。为了简单起见，选取

$$\Theta(z_1) = \frac{k_1}{2}(z_1 + k_2)^2$$

得到式 (11.11)。为了完成性能 (1) 的证明，计算函数 $H_d(z)$ 的梯度为

$$\nabla H_d = \left[k_1(k_2 + z_1) - \frac{1}{a}\arctan\left(\frac{1+z_2}{\sqrt{2z_1 - z_2^2 - 2z_2}}\right)\right.$$

$$\left. \times \frac{1}{a}\left(D + \frac{D}{z_2} - \sqrt{2z_1 - z_2^2 - 2z_2}\right)\right]$$

$$= \left\{k_1(z_1 - z_{1\star}) - \frac{1}{a}\left[\arctan\left(\frac{1+z_2}{\sqrt{2z_1 - z_2^2 - 2z_2}}\right)\right.\right.$$

$$\left.\left. - \arctan\left(\frac{1+z_{2\star}}{\sqrt{2z_{1\star} - z_{2\star}^2 - 2z_{2\star}}}\right)\right] \times \frac{1}{a}\left(D + \frac{D}{z_2} - \sqrt{2z_1 - z_2^2 - 2z_2}\right)\right\}$$

$$(11.17)$$

将由式 (11.13) 定义的 k_2 代入第二个等式，根据引理 9.1 得到控制输入 w。

为了证明性能 (2)，需要验证

$$z_\star = \arg\min\{H_d(z)\}$$

基于此目的，在平衡点处计算式 (11.17) 得到如下形式：

$$\nabla H_d|_{z=z_\star} = \begin{bmatrix} 0 \\ \frac{1}{a}\left(D + \frac{D}{z_{2\star}} - \sqrt{2z_{1\star} - z_{2\star}^2 - 2z_{2\star}}\right) \end{bmatrix} \qquad (11.18)$$

结合式 (11.8) 得到 $\nabla H_d|_{z=z_\star} = 0$。函数 $H_d(z)$ 的海塞矩阵表示为

$$\nabla^2 H_d = \begin{bmatrix} k_1 + \dfrac{1+z_2}{a(1+2z_1)\sqrt{2z_1 - z_2^2 - 2z_2}} & -\dfrac{1}{a\sqrt{2z_1 - z_2^2 - 2z_2}} \\[4mm] -\dfrac{1}{a\sqrt{2z_1 - z_2^2 - 2z_2}} & \dfrac{1+z_2}{a\sqrt{2z_1 - z_2^2 - 2z_2}} - \dfrac{D}{az_2^2} \end{bmatrix} \tag{11.19}$$

计算函数 $H_d(z)$ 在平衡点处的形式为

$$\nabla^2 H_d|_{z=z_\star} = \begin{bmatrix} k_1 + \dfrac{z_{2\star}}{aD(1+2z_{1\star})} & -\dfrac{z_{2\star}}{aD(1+z_{2\star})} \\[4mm] -\dfrac{z_{2\star}}{aD(1+z_{2\star})} & \dfrac{z_{2\star}}{aD} - \dfrac{D}{az_{2\star}^2} \end{bmatrix} \tag{11.20}$$

通过简单运算, $\nabla^2 H_d|_{z=z_\star} > 0$ 当且仅当式 (11.12) 成立。

3. 外环 PI 控制器设计

从式 (11.10) 可以看出, 当 $w_{\mathrm{PI}} = 0$ 时, $\dot{H}_d(z) = 0$, 由此可知, 虽然闭环系统在平衡点是稳定的, 但不是渐近稳定的, 也就是说状态轨迹不会收敛于平衡点。为了保证闭环系统是渐近稳定的, 需额外增加一个 PI 控制器, 且其作用在如下无源输出:

$$\begin{aligned} y &= h(z, D) \\ &= [0, 1] \nabla H_d(z) \\ &= \frac{1}{a}\left[D\left(1 + \frac{1}{z_2}\right) - \sqrt{2z_1 - z_2^2 - 2z_2} \right] \end{aligned} \tag{11.21}$$

定理 11.3 令 $z_{2\star} \in \mathbb{R}_+$, 通过式 (11.8) 计算 $z_{1\star} \in \mathbb{R}_+$。对于系统 (11.3), 假设参数 D 已知, PI 控制器设计为

$$\begin{cases} \dot{\xi} = y \\ w_{\mathrm{PI}} = -k_p y - k_i \xi \end{cases} \tag{11.22}$$

其中, $k_p > 0$, $k_i > 0$; 无源输出 y 由式 (11.21) 定义。

(1) 平衡点 $(z_\star, 0)$ 为局部渐近稳定的, 选取李雅普诺夫函数为如下形式:

$$W(z, \xi) = H_d(z) + \frac{k_i}{2}\xi^2 \tag{11.23}$$

(2) 存在正常数 c_a 使得集合

$$\Omega_a = \{(z, \xi) \in \mathbb{R}_+^2 \times \mathbb{R} \mid W(z, \xi) \leqslant c_a\} \tag{11.24}$$

满足

$$(z(0), \xi(0)) \in \Omega_a \Rightarrow (z(t), \xi(t)) \in \Omega_a, \quad \forall t \geqslant 0 \tag{11.25}$$

$$\lim_{t \to \infty} (z(t), \xi(t)) = (z_\star, 0) \tag{11.26}$$

(3) 存在正常数 c 使得集合

$$\Omega = \{z \in \mathbb{R}_+^2 \mid H_d(z) \leqslant c\} \tag{11.27}$$

满足

$$z(0) \in \Omega, \ \xi(0) = 0 \Rightarrow z(t) \in \Omega, \quad \forall t \geqslant 0 \tag{11.28}$$

$$\lim_{t \to \infty} (z(t), \xi(t)) = (z_\star, 0) \tag{11.29}$$

证明　首先，注意到

$$h(z, D) = 0 \iff z \in \mathcal{E}_z$$

所以有

$$h(z, D) = 0, \ z_2 = z_{2\star} \Rightarrow z_1 = z_{1\star} \tag{11.30}$$

并且通过简单运算得到

$$\left. \frac{\partial H_d}{\partial z_1} \right|_{z \in \mathcal{E}_z} = k_1(z_1 - z_{1\star}) - \frac{1}{a}(\arctan z_2 - \arctan z_{2\star}) \tag{11.31}$$

闭环系统描述为

$$\begin{bmatrix} \dot{z} \\ \dot{\xi} \end{bmatrix} = \begin{bmatrix} 0 & -a & 0 \\ a & -k_p & -1 \\ 0 & 1 & 0 \end{bmatrix} \underbrace{\begin{bmatrix} \nabla H_d(z) \\ k_i \xi \end{bmatrix}}_{\nabla W(z, \xi)} \tag{11.32}$$

由此可知，$(z_\star, 0)$ 为闭环系统的平衡点。从式 (11.32) 可以得出

$$\dot{W} = -k_p y^2 \leqslant 0$$

根据 Lasalle 不变原理得到闭环系统是渐近稳定的，当且仅当 y 是零状态可检测的，也就是说

$$y(t) \equiv 0 \Rightarrow \lim_{t \to \infty} (z(t), \xi(t)) = (z_\star, 0)$$

从式 (11.32) 可以看出，当 $y = 0$ 时，得到 $\dot{z}_1 = \dot{\xi} = 0$。因此，可得 z_1 和 ξ 是常数，分别表示为 z_1^0 和 ξ^0。z_2 动态可以表示为

$$\dot{z}_2 = a\frac{\partial H_d}{\partial z_1}(z_1^0, z_2) - k_i\xi^0$$
$$= ak_1(z_1^0 - z_{1\star}) - (\arctan z_2 - \arctan z_{2\star}) - k_i\xi^0 \tag{11.33}$$

当 $z_2 = z_{2\star}$ 时，得到

$$0 = ak_1(z_1^0 - z_{1\star}) - k_i\xi^0$$

结合式 (11.30) 和 $z_1^0 = z_{1\star}$，得到 $\xi^0 = 0$。所以，z_2 动态描述为

$$\dot{z}_2 = -(\arctan z_2 - \arctan z_{2\star})$$

注意，上述系统在平衡点 $z_{2\star}$ 是渐近稳定的。

在平衡点 $(z_\star, 0)$ 处 $W(z, \xi)$ 有一个正定的海塞矩阵，因此它是凸函数。所以，对于足够小的 c，由式 (11.27) 定义 Ω 的子集是有界的。那么，李雅普诺夫函数的水平集给出吸引区的估计范围，并且这些区域被严格限定在 $\mathbb{R}_+^2$ 内。

最后，注意到 $\Omega \subset \Omega_a$，对于足够小的 c，可得

$$z(0) \in \Omega \text{ 且 } \xi(0) = 0 \Rightarrow (z(0), \xi(0)) \in \Omega_a$$

11.2.2 自适应双环能量整形控制器设计

针对参数 D 未知的情况，本节将定理 11.2 和定理 11.3 中的参数 D 由其估计值 $\hat{D}$ 取代，得到一个自适应双环能量整形控制器。控制器的设计是基于浸入与不变理论的，以下定理将证明对于所有的初始条件，参数估计误差

$$\tilde{D}(t) = \hat{D}(t) - D$$

将指数收敛到原点。

定理 11.4　对于系统 (11.3)，设计如下浸入与不变参数观测器：

$$\hat{D} = D_I - \gamma\left(z_1 - \frac{z_1}{z_2 + 1}\right) \tag{11.34}$$

$$\dot{D}_I = -\gamma D_I + \gamma^2\left(z_1 - \frac{z_1}{z_2 + 1}\right)$$

$$+ \gamma\left[\frac{z_1 w}{(z_2 + 1)^2} + \frac{z_2}{1 + z_2}\sqrt{2z_1 - z_2^2 - 2z_2}\right] \tag{11.35}$$

其中，$\gamma > 0$ 为观测器增益。对于所有的初始条件，有

$$\tilde{D}(t) = \mathrm{e}^{-\gamma t}\tilde{D}(0) \tag{11.36}$$

成立。

证明　首先，观测误差 $\tilde{D}$ 沿系统 (11.3) 关于时间 t 的导数为

$$\dot{\tilde{D}} = -\gamma D_I + \gamma\left(D_I - \hat{D}\right) + \gamma\left[\frac{z_2}{1+z_2}\sqrt{2z_1 - z_2^2 - 2z_2} + \frac{z_1 w}{(z_2+1)^2}\right]$$

$$\quad - \gamma\dot{z}_1\left(1 - \frac{1}{z_2+1}\right) - \gamma\frac{z_1 w}{(z_2+1)^2}$$

$$= -\gamma\tilde{D}$$

由此得出式 (11.36)。将控制器中的参数 D 用 $\hat{D}$ 取代，得到如下自适应形式：

$$\begin{cases} \hat{u} = 1 - \dfrac{1}{x_1}\left(\dfrac{\hat{D}}{x_2} + \hat{w}\right) \\[2mm] \hat{z}_{1\star} = \dfrac{\hat{D}^2}{2}\left(1 + \dfrac{1}{z_{2\star}}\right)^2 + \dfrac{z_{2\star}^2}{2} + z_{2\star} \\[2mm] \hat{k}_2 = \dfrac{1}{ak_1}\arctan\left(\dfrac{1+z_{2\star}}{\sqrt{2\hat{z}_{1\star} - z_{2\star}^2 - 2z_{2\star}}}\right) - \hat{z}_{1\star} \\[2mm] \hat{w} = ak_1(\hat{k}_2 + z_1) - \arctan\left(\dfrac{1+z_2}{\sqrt{2z_1 - z_2^2 - 2z_2}}\right) + \hat{w}_{\mathrm{PI}} \\[2mm] \hat{y} = \dfrac{1}{a}\left[\hat{D}\left(1 + \dfrac{1}{z_2}\right) - \sqrt{2z_1 - z_2^2 - 2z_2}\right] \end{cases} \tag{11.37}$$

其中，$\hat{D}(t)$ 是参数 D 的估计值。PI 控制器可以表示为

$$\begin{cases} \dot{\chi} = \hat{y} \\ \hat{w}_{\mathrm{PI}} = -k_i\chi - k_p\hat{y} \end{cases} \tag{11.38}$$

注意到，所有的估计变量可以写为如下形式：

$$\hat{(\cdot)} = (D, \cdot) + \varepsilon(\hat{D}, \cdot)$$

其中，$\varepsilon(\hat{D}, \cdot)$ 为某个适当定义的函数且满足 $\varepsilon(0, \cdot) = 0$，所以此闭环系统也可以写成级联系统形式。同样地，基于级联系统稳定性结论得出该闭环系统在平衡点是局部渐近稳定的。证毕。

11.3　仿真和实验

11.3.1　仿真结果

在仿真研究中，系统电路参数如表 11.1 所示，针对标量系统的平衡点表示为 $x_\star = \left[0.0893,\ \dfrac{5}{3} \right]^{\mathrm{T}}$。为了简单起见，仿真曲线是在 x 或 (i, v) 坐标下描述的。在所提出的自适应双环能量整形控制器作用下，选取不同的控制器增益 k_1、k_p，得到输出电压 v 和电感电流 i 的响应曲线如图 11.2 所示，其中控制器增益集

表 11.1　系统电路参数

描述	参数	额定值
输入电压	E	15V
电感	L	107.5μH
电容	C	1380μF
参考输出电压	$v_\star$	25V
负载功率	P	20W

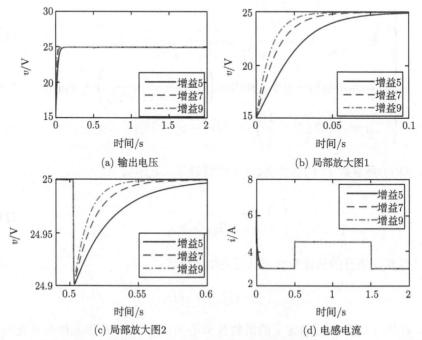

(a) 输出电压　　　　　　　　(b) 局部放大图1

(c) 局部放大图2　　　　　　　　(d) 电感电流

图 11.2　考虑负载功率阶跃变化，在自适应双环能量整形控制器 (11.37) ($\gamma = 5$) 作用下选取不同控制增益时系统的响应曲线

如表 11.2 所示。从图中可以看出，增大控制器增益 k_1 将加快输出电压的收敛速度。

表 11.2　增益集

第 10 章控制器 (10.11)		本章控制器 (11.37)				
增益集	k_1	增益集	a	k_1	k_p	k_i
		增益 4	1	0.001	0.3	0.5
增益 1	0.001	增益 5	1	0.001	0.7	0.5
增益 2	0.01	增益 6	1	0.01	0.3	1
增益 3	0.1	增益 7	1	0.01	0.7	1
		增益 8	1	0.1	0.3	1.3
		增益 9	1	0.1	0.7	1.3

进一步验证增益 γ 对观测器性能的影响，仿真结果如图 11.3 所示。正如理论分析的一样，增益 γ 越大，观测器的收敛速度越快，但是收敛速度和噪声之间存在一个折中关系。

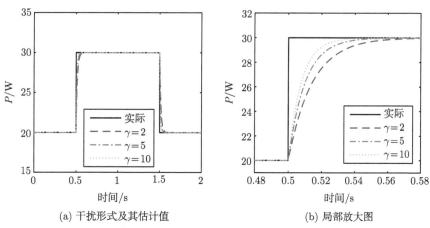

(a) 干扰形式及其估计值　　　　　(b) 局部放大图

图 11.3　考虑负载功率阶跃变化时选取不同增益 γ 下观测器 (11.35) 的响应曲线

其次，针对第 10 章控制器 (10.11) 和本章控制器 (11.37) 进行仿真对比研究，在两个控制器分别作用下输出电压和控制量的响应曲线如图 11.4 所示。由图可知，在控制量公平的情况下，所提出的控制器具有更好的暂态性能，并且与第 10 章控制器 (10.11) 相比，本章提出的控制器形式更简单。

图 11.5 为在所提出控制器作用下闭环系统的相平面图。实线为从不同初始状态出发的状态轨迹，虚线包含的区域为吸引区的估计范围，其中还包括控制器的水平集，分别为 $u=1$、$u=0.5$ 及 $u=0$。这也就意味着，当初始条件选取在 $u=1$ 和 $u=0$ 之间的区域时，控制输入 u 都满足实际约束 $u \in [0,1]$。换句话说，

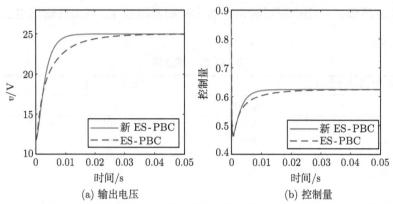

(a) 输出电压　　　　　　　　　　　　(b) 控制量

图 11.4　在第 10 章控制器 (10.11) 和本章控制器 (新 ES-PBC) (11.37) 分别作用下
闭环系统的响应曲线

当初始条件选取在吸引区及 $u=1$ 和 $u=0$ 之间区域的交集时, 可以保证状态轨迹肯定收敛于期望点且控制输入 u 属于集合 $[0,1]$。在两个控制器分别作用下, 闭环系统的相平面图如图 11.6 所示, 图 (a)、(b) 和 (c) 为第 10 章控制器 (10.11) 作用下的相平面图, 图 (d)、(e)、(f)、(g)、(h) 和 (i) 为本章控制器 (11.37) 作用下的相平面图, 实线表示取不同初始值时的状态轨迹, 虚线表示控制器的水平集。增益集如表 11.2 所示, 其中所选取的增益都满足充分条件 (11.12)。注意到, 当两种控制器作用下选取不同增益时, 初始状态选取在吸引区内的状态轨迹最终都收敛于平衡点, 并且两种相平面图非常类似。对于本章所提出的控制器, 当 k_p 不变时, 减小控制增益 k_1 使得闭环系统在平衡点具有更大的吸引区。

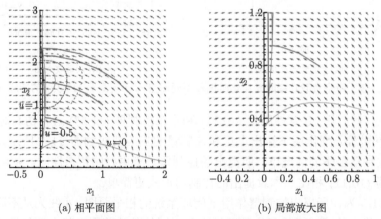

(a) 相平面图　　　　　　　　　　　　(b) 局部放大图

图 11.5　在双环能量整形控制器 (11.37) 作用下闭环系统的相平面图

为了对比两种控制器的性能, 在图 11.6 中也刻画了两种控制器的水平集, 从图中可以看出, 参数 k_1、k_p 的选取将影响控制器的水平集, 进而影响初始条件的选取。

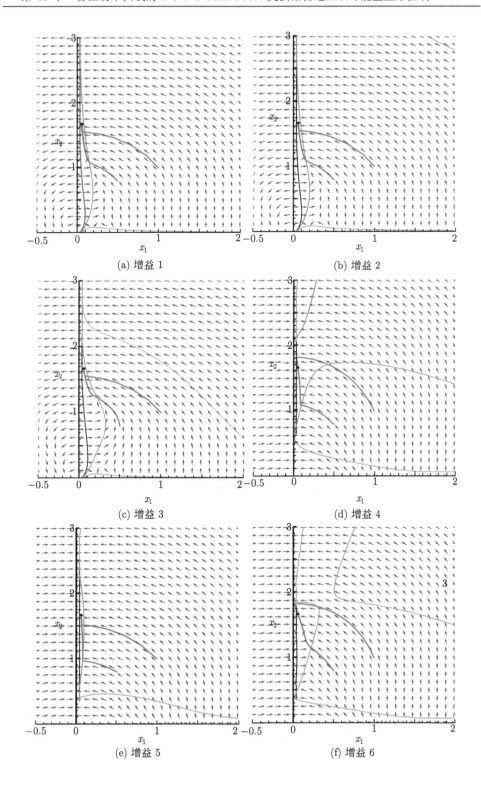

(a) 增益 1 (b) 增益 2

(c) 增益 3 (d) 增益 4

(e) 增益 5 (f) 增益 6

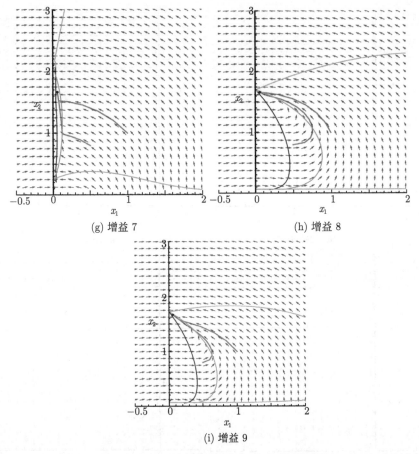

(g) 增益 7　　　　　　　　　　　　　　　(h) 增益 8

(i) 增益 9

图 11.6　当选取不同增益时在第 10 章控制器 (10.11) 和本章控制器 (11.37) 分别作用下
闭环系统的相平面图

11.3.2　实验结果

为了进一步验证所提出控制方法的有效性，采用第 10 章介绍的含恒功率负载的 DC-DC buck-boost 变换器的实验平台对本章所提出的控制器进行实验验证，电路参数如表 11.1 所示。类似地，下面的实验研究考虑 boost 和 buck 两个模式，并且对输入电压和负载功率进行线性调节来充分说明控制器的有效性，选取控制器增益为 $a = 1$、$k_1 = 0.01$、$k_p = 0.7$、$k_i = 1$、$\gamma = 5$。

1. boost 模式

输入电压 E 和输出电压 $v_\star$ 分别设置为 15V、25V，变换器工作在 boost 模式下，考虑负载功率 P 阶跃变化，实验结果如图 11.7 和图 11.8 所示。

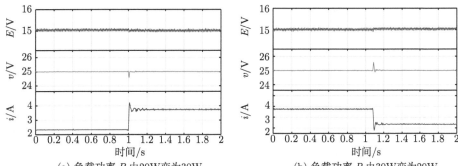

(a) 负载功率 P 由20W变为30W　　　　(b) 负载功率 P 由30W变为20W

图 11.7　考虑负载功率阶跃变化，在自适应双环能量整形控制器 (11.37) 作用下系统的响应曲线 1 ($E = 15\text{V}, v_\star = 25\text{V}$)

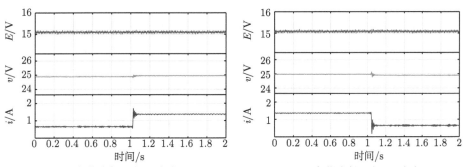

(a) 负载功率 P 由6W变为12W　　　　(b) 负载功率 P 由12W变为6W

图 11.8　考虑负载功率阶跃变化，在自适应双环能量整形控制器 (11.37) 作用下系统的响应曲线 2 ($E = 15\text{V}, v_\star = 25\text{V}$)

2. buck 模式

考虑变换器工作在 buck 模式，输入电压 E 为 25V，输出电压 $v_\star$ 为 15V 和 12V，实验结果如图 11.9 和图 11.10 所示。

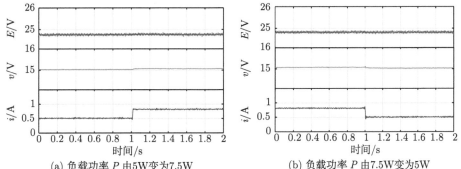

(a) 负载功率 P 由5W变为7.5W　　　　(b) 负载功率 P 由7.5W变为5W

图 11.9　考虑负载功率阶跃变化，在自适应双环能量整形控制器 (11.37) 作用下系统的响应曲线 ($E = 25\text{V}, v_\star = 15\text{V}$)

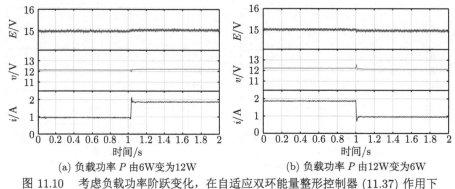

(a) 负载功率 P 由6W变为12W   (b) 负载功率 P 由12W变为6W

图 11.10   考虑负载功率阶跃变化，在自适应双环能量整形控制器 (11.37) 作用下
系统的响应曲线 ($E = 15\text{V}$, $v_* = 12\text{V}$)

从实验结果可以看出，系统在 boost 和 buck 两个工作模式均具有良好的跟踪性能。

11.4   本 章 小 结

本章针对含恒功率负载的 DC-DC buck-boost 变换器系统设计了一种双环能量整形控制器。采用坐标变换和反馈线性化技术极大地简化了控制器求解过程，在外环加入的 PI 控制器进一步提升了系统的暂态性能和抗干扰能力。仿真和实验结果都验证了所提出控制器的有效性。

附　　录

本附录将给出定理 10.2 的证明。

证明　首先证明性能 (1)，根据无源理论，选取

$$F_d(x) = \begin{bmatrix} -\dfrac{x_2}{x_1} & -\dfrac{2x_2}{x_2+1} \\ \dfrac{2x_2}{x_2+1} & -\dfrac{2x_1}{(x_2+1)^2} \end{bmatrix} \tag{A.1}$$

当 $x \in \mathbb{R}_+^2$ 时，$F_d(x)$ 严格满足约束条件 $F_d(x) + F_d^{\mathrm{T}}(x) < 0$，则系统 (10.5) 可以重写为

$$\dot{x} = f(x) + g(x)u \tag{A.2}$$

其中，

$$f(x) = \begin{bmatrix} -x_2 \\ x_1 - \dfrac{D}{x_2} \end{bmatrix}, \quad g(x) = \begin{bmatrix} -(x_2+1) \\ x_1 \end{bmatrix}$$

注意到 $g(x)$ 的左零化因子表示为 $g^\perp(x) = [x_1, x_2+1]$，匹配方程表示为

$$[x_1, x_2+1]\left(\begin{bmatrix} -x_2 \\ x_1 - \dfrac{D}{x_2} \end{bmatrix} - \begin{bmatrix} -\dfrac{x_2}{x_1} & -\dfrac{2x_2}{x_2+1} \\ \dfrac{2x_2}{x_2+1} & -\dfrac{2x_1}{(x_2+1)^2} \end{bmatrix} \nabla H_d(x) \right) = 0$$

上式等于

$$-x_2 \nabla_{x_1} H_d(x) + 2x_1 \nabla_{x_2} H_d(x) = D - x_1 + \frac{D}{x_2} \tag{A.3}$$

偏微分方程 (A.3) 的解可以描述为

$$H_d(x) = -\frac{1}{2}\left(x_2 + \sqrt{2}D \arctan\left(\frac{\sqrt{2}x_1}{x_2} \right) \right)$$

$$- \frac{D\arctan\left(x_1 \Big/ \sqrt{x_1^2 + \frac{x_2^2}{2}}\right)}{2\sqrt{x_1^2 + \frac{x_2^2}{2}}} + \Phi\left(x_1^2 + \frac{x_2^2}{2}\right)$$

其中，$\Phi(\cdot)$ 是一个任意函数。为了简单起见，选取

$$\Phi(z) = \frac{k_1}{2}(z + k_2)^2$$

其中，k_1 和 k_2 是任意两个常数，从而得到式 (10.13)。

下面需要证明 k_1 和 k_2 的存在性且满足条件 (10.12)。基于上述目的，函数 $H_d(x)$ 的梯度可以描述为

$$\nabla H_d = \begin{bmatrix} \chi_1 \\ \chi_2 \end{bmatrix}$$

其中，

$$\chi_1 = -\frac{D(1 + x_2)}{2x_1^2 + x_2^2} + k_1 x_1 [2(k_2 + x_1^2) + x_2^2] + \frac{\sqrt{2}Dx_1\arctan\left(x_1 \Big/ \sqrt{x_1^2 + \frac{x_2^2}{2}}\right)}{(2x_1^2 + x_2^2)^{\frac{3}{2}}}$$

$$\chi_2 = \frac{2Dx_1(1 + x_2)}{2x_2(2x_1^2 + x_2^2)} + \frac{1}{2}\big[-1 + 2k_1(k_2 + x_1^2)x_2 + k_1 x_2^3\big]$$

$$+ \frac{\sqrt{2}Dx_2^2\arctan\left(x_1 \Big/ \sqrt{x_1^2 + \frac{x_2^2}{2}}\right)}{2x_2(2x_1^2 + x_2^2)^{\frac{3}{2}}}$$

计算上式在平衡点的形式且将式 (10.12) 代入其中得到

$$\nabla H_d|_{x=x_\star} = \begin{bmatrix} 0 \\ D + Dx_{2\star} - x_{1\star}x_{2\star} \end{bmatrix} \tag{A.4}$$

结合式 (10.6) 得到 $\nabla H_d|_{x=x_\star} = 0$。

另外，函数 $H_d(x)$ 的海塞矩阵表示为

$$\nabla^2 H_d = \begin{bmatrix} \nabla_{x_1}^2 H_d & \nabla_{x_1 x_2}^2 H_d \\ \nabla_{x_2 x_1}^2 H_d & \nabla_{x_2}^2 H_d \end{bmatrix} \tag{A.5}$$

其中,

$$\nabla^2_{x_1} H_d = \frac{1}{(2x_1^2 + x_2^2)^3} \left\{ (2x_1^2 + x_2^2)\left[2Dx_1(3 + 2x_2) + k_1(2x_1^2 + x_2^2)^2(2k_2 \right.\right.$$

$$\left.\left. + 6x_1^2 + x_2^2)\right] + \sqrt{2}D(-4x_1^2 + x_2^2)\sqrt{2x_1^2 + x_2^2}\arctan\left(x_1 \Big/ \sqrt{x_1^2 + \frac{x_2^2}{2}}\right) \right\}$$

$$\nabla^2_{x_2 x_1} H_d = \nabla^2_{x_1 x_2} H_d = \frac{1}{x_2(2x_1^2 + x_2^2)^3}\left\{ 2k_1 x_1 x_2^2(2x_1^2 + x_2^2)^3 + D\left[2x_1^2 x_2^2\right.\right.$$

$$\left.\left. - 4x_1^4(1 + x_2) + x_2^4(2 + x_2)\right] - 3\sqrt{2}Dx_1 x_2^2\sqrt{2x_1^2 + x_2^2} \right.$$

$$\left. \times \arctan\left(x_1 \Big/ \sqrt{x_1^2 + \frac{x_2^2}{2}}\right) \right\}$$

$$\nabla^2_{x_2} H_d = \frac{1}{2x_2^2(2x_1^2 + x_2^2)^3}\left((2x_1^2 + x_2^2)\left\{ k_1\left[2(k_2 + x_1^2) + 3x_2^2\right](2x_1^2 + x_2^3)^2 \right.\right.$$

$$\left.\left. - 4Dx_1\left[x_1^2 + x_2^2(2 + x_2)\right]\right\} + 2\sqrt{2}D(x_1^2 - x_2^2)x_2^2\sqrt{2x_1^2 + x_2^2} \right.$$

$$\left. \times \arctan\left(x_1 \Big/ \sqrt{x_1^2 + \frac{x_2^2}{2}}\right) \right)$$

将 k_2 代入式 (A.5) 且计算其在平衡点 $x = x_\star$ 的形式为

$$\nabla^2 H_d|_{x=x_\star} = \begin{bmatrix} \nabla^2_{x_1} H_d|_{x=x_\star} & \nabla^2_{x_1 x_2} H_d|_{x=x_\star} \\ \nabla^2_{x_2 x_1} H_d|_{x=x_\star} & \nabla^2_{x_2} H_d|_{x=x_\star} \end{bmatrix} \tag{A.6}$$

其中,

$$\nabla^2_{x_1} H_d|_{x=x_\star} = \frac{1}{x_{1\star}(2x_{1\star}^2 + x_{2\star}^2)^{\frac{5}{2}}}\left(\sqrt{2x_{1\star}^2 + x_{2\star}^2}\left\{ 4k_1 x_{1\star}^3(2x_{1\star}^2 + x_{2\star}^2)^2 \right.\right.$$

$$\left.\left. + D\left[x_{2\star}^2(1 + x_{2\star}) + x_{1\star}^2(8 + 6x_{2\star})\right]\right\} - 6\sqrt{2}Dx_{1\star}^3 \right.$$

$$\left. \times \arctan\left(x_{1\star} \Big/ \sqrt{x_{1\star}^2 + \frac{x_{2\star}^2}{2}}\right) \right)$$

$$\nabla^2_{x_2 x_1} H_d|_{x=x_\star} = \nabla^2_{x_1 x_2} H_d|_{x=x_\star} = \frac{1}{x_{2\star}(2x_{1\star}^2 + x_{2\star}^2)^3}\left\{ 2k_1 x_{1\star} x_{2\star}^2(2x_{1\star}^2 \right.$$

$$
+x_{2\star}^2)^3 + D\big[-4x_{1\star}^4 + 2x_{1\star}^2 x_{2\star}^2 - 4x_{1\star}^4 x_{2\star} + x_{2\star}^4(2 + x_{2\star})\big]
$$

$$
-3\sqrt{2}Dx_{1\star}x_{2\star}^2\sqrt{2x_{1\star}^2 + x_{2\star}^2}\arctan\left(x_{1\star}\Big/\sqrt{x_{1\star}^2 + \frac{x_{2\star}^2}{2}}\right)\Bigg\}
$$

$$
\nabla_{x_2}^2 H_d|_{x=x_\star} = \frac{1}{2x_{1\star}x_{2\star}^2(2x_{1\star}^2 + x_{2\star}^2)^{\frac{5}{2}}}\Bigg(\sqrt{2x_{1\star}^2 + x_{2\star}^2}\Big\{2k_1 x_{1\star}x_{2\star}^4(2x_{1\star}^2
$$

$$
+x_{2\star}^2)^2 + D\big[(x_{2\star}^4 - 4x_{1\star}^4 + x_{2\star}^5) - 2x_{1\star}^2 x_{2\star}^2(3 + x_{2\star})\big]\Big\}
$$

$$
-3\sqrt{2}Dx_{1\star}x_{2\star}^4\arctan\left(x_{1\star}\Big/\sqrt{x_{1\star}^2 + \frac{x_{2\star}^2}{2}}\right)\Bigg)
$$

通过运算得到, 只要 $k_1 > k_1'$, 就有

$$
\nabla_{x_1}^2 H_d|_{x=x_\star} > 0
$$

其中, k_1' 由式 (10.16) 定义。矩阵 (A.6) 的行列式可以描述为

$$
\det\left(\nabla^2 H_d\big|_{x=x_\star}\right)
$$

$$
= \frac{1}{2x_{1\star}^2 x_{2\star}^2(2x_{1\star}^2 + x_{2\star}^2)^4}
$$

$$
\times \Bigg(\Bigg\{4k_1 x_{1\star}^3(2x_1^2 + x_2^2)^2 + D\big[x_{2\star}^2(1 + x_{2\star})
$$

$$
+x_{1\star}^2(8 + 6x_{2\star})\big] - \frac{6\sqrt{2}Dx_{1\star}^3\arctan\left(x_{1\star}\Big/\sqrt{x_{1\star}^2 + \frac{x_{2\star}^2}{2}}\right)}{\sqrt{2x_{1\star}^2 + x_{2\star}^2}}\Bigg\}\Big\{2k_1 x_{1\star}x_{2\star}^4(2x_{1\star}^2
$$

$$
+x_{2\star}^2)^2 - \frac{3\sqrt{2}Dx_{1\star}x_{2\star}^4\arctan\left(x_{1\star}\Big/\sqrt{x_{1\star}^2 + \frac{x_{2\star}^2}{2}}\right)}{\sqrt{2x_{1\star}^2 + x_{2\star}^2}} + D\big[x_{2\star}^4(1 + x_{2\star}) - 4x_{1\star}^4
$$

$$\left.\left.\begin{array}{l}-2x_{1\star}^2x_{2\star}^2(3+x_{2\star})\end{array}\right\}\right) - \frac{1}{x_{2\star}^2(2x_{1\star}^2+x_{2\star}^2)^4}\left\{2k_1x_{1\star}x_{2\star}^2(2x_{1\star}^2+x_{2\star}^2)^2\right.$$

$$\left.+D\left[x_{2\star}^2(2+x_{2\star})-x_{1\star}^2(2+2x_{2\star})\right]-\frac{3\sqrt{2}Dx_1x_2^2\arctan\left(x_1\Big/\sqrt{x_{1\star}^2+\frac{x_{2\star}^2}{2}}\right)}{\sqrt{2x_1^2+x_2^2}}\right\}$$

$$=\frac{1}{2x_{1\star}^2x_{2\star}^2(2x_{1\star}^2+x_{2\star}^2)^4}\left(\left\{4k_1x_{1\star}^3(2x_{1\star}^2+x_{2\star}^2)^2+D\left[x_{2\star}^2(1+x_{2\star})\right.\right.\right.$$

$$\left.\left.+x_{1\star}^2(8+6x_{2\star})\right]-\frac{6\sqrt{2}Dx_{1\star}^3\arctan\left(x_{1\star}\Big/\sqrt{x_{1\star}^2+\frac{x_{2\star}^2}{2}}\right)}{\sqrt{2x_{1\star}^2+x_{2\star}^2}}\right\}\left\{2k_1x_{1\star}x_{2\star}^4(2x_{1\star}^2\right.$$

$$+x_{2\star}^2)^2+D\left[-4x_{1\star}^4+x_{2\star}^4(1+x_{2\star})-2x_{1\star}^2x_{2\star}^2(3+x_{2\star})\right]$$

$$\left.-\frac{3\sqrt{2}Dx_{1\star}x_{2\star}^4\arctan\left(x_{1\star}\Big/\sqrt{x_{1\star}^2+\frac{x_{2\star}^2}{2}}\right)}{\sqrt{2x_{1\star}^2+x_{2\star}^2}}\right\}-2x_{1\star}^2\left\{2k_1x_{1\star}x_{2\star}^2(2x_{1\star}^2+x_{2\star}^2)^2\right.$$

$$\left.\left.+D\left[x_{2\star}^2(2+x_{2\star})-x_{1\star}^2(2+2x_{2\star})\right]-\frac{3\sqrt{2}Dx_1x_2^2\arctan\left(x_1\Big/\sqrt{x_{1\star}^2+\frac{x_{2\star}^2}{2}}\right)}{\sqrt{2x_{1\star}^2+x_{2\star}^2}}\right\}^2\right)$$

$$=\frac{1}{2x_{1\star}^2x_{2\star}^2(2x_{1\star}^2+x_{2\star}^2)^4}\left\{k_1D(2x_{1\star}^2+x_{2\star}^2)^2h(x_\star)+2D^2\left[x_{2\star}^2(1+x_{2\star})\right.\right.$$

$$+x_{1\star}^2(8+6x_{2\star})\big]\big[x_{2\star}^4(1+x_{2\star})-4x_{1\star}^4-x_{1\star}^2x_{2\star}^2(3+x_{2\star})\big]$$

$$-2x_{1\star}^2\big[x_{2\star}^2(2+x_{2\star})-2x_{1\star}^2(2+2x_{2\star})\big]^2-3\sqrt{2}x_{1\star}x_{2\star}^4\big[x_{2\star}^2(1+x_{2\star})$$

$$+x_{1\star}^2(8+6x_{2\star})\big]\dfrac{\arctan\left(x_{1\star}\Big/\sqrt{x_{1\star}^2+\dfrac{x_{2\star}^2}{2}}\right)}{\sqrt{2x_{1\star}^2+x_{2\star}^2}}$$

$$-6\sqrt{2}Dx_{1\star}^3\big[-4x_{1\star}^4+x_{2\star}^4(1+x_{2\star})-2x_{1\star}^2x_{2\star}^2(3+x_{2\star})\big]$$

$$\times\dfrac{\arctan\left(x_{1\star}\Big/\sqrt{x_{1\star}^2+\dfrac{x_{2\star}^2}{2}}\right)}{\sqrt{2x_{1\star}^2+x_{2\star}^2}}\Bigg\}$$

其中，$h(x_\star)$ 由式 (10.15) 定义。因此，$\det\left(\nabla^2 H|_{x=x_\star}\right)>0$ 成立只要满足

$$k_1D(2x_{1\star}^2+x_{2\star}^2)^2h(x_\star)+2D^2\big[x_{2\star}^2(1+x_{2\star})+x_{1\star}^2(8+6x_{2\star})\big]\big[x_{2\star}^4(1+x_{2\star})$$

$$-4x_{1\star}^4-x_{1\star}^2x_{2\star}^2(3+x_{2\star})\big]-2\big[x_{2\star}^2(2+x_{2\star})-2x_{1\star}^2(2+2x_{2\star})\big]^2$$

$$-3\sqrt{2}x_{1\star}x_{2\star}^4\big[x_{2\star}^2(1+x_{2\star})+x_{1\star}^2(8+6x_{2\star})\big]\dfrac{\arctan\left(x_{1\star}\Big/\sqrt{x_{1\star}^2+\dfrac{x_{2\star}^2}{2}}\right)}{\sqrt{2x_{1\star}^2+x_{2\star}^2}}$$

$$-6\sqrt{2}Dx_{1\star}^3\big[-4x_{1\star}^4+x_{2\star}^4(1+x_{2\star})$$

$$-2x_{1\star}^2x_{2\star}^2(3+x_{2\star})\big]\dfrac{\arctan\left(x_{1\star}\Big/\sqrt{x_{1\star}^2+\dfrac{x_{2\star}^2}{2}}\right)}{\sqrt{2x_{1\star}^2+x_{2\star}^2}}$$

$$>0 \tag{A.7}$$

考虑两种情况，当 $h(x_\star)>0$ 时，得到

$$k_1>-k_1''$$

基于上述分析，当 $k_1>\max\{k_1',k_1''\}$ 时，满足 $\nabla^2 H_d|_{x=x_\star}>0$。当 $h(x_\star)<0$ 时，选取 $k_1'<k_1<k_1''$ 同样保证 $\nabla^2 H|_{x=x_\star}>0$。性能 (1) 证毕。

接下来证明性能 (2)。由上述分析可知，函数 $H_d(x)$ 在平衡点 $x_\star$ 海塞矩阵是正定的，可得出它是凸函数。由于在第一象限存在鞍点，当选取足够小的 c 时，Ω_x 的子集是有界的且严格地属于区域 $\mathbb{R}_+^2$。由非线性系统控制理论可知，李雅普诺夫函数的水平集给出平衡点的吸引区估计范围。证毕。

参 考 文 献

[1] Guo L, Cao S. Anti-disturbance Control for Systems with Multiple Disturbances[M]. Boca Raton: CRC Press, 2013.

[2] Guo L, Chen W H. Disturbance attenuation and rejection for systems with nonlinearity via DOBC approach[J]. International Journal of Robust and Nonlinear Control, 2005, 15(3): 109-125.

[3] 杨俊. 复杂动态系统干扰主动控制若干理论及应用研究 [D]. 南京: 东南大学, 2011.

[4] 黄一, 薛文超. 自抗扰控制: 思想、应用及理论分析 [J]. 系统科学与数学, 2012, 32(10): 1287-1307.

[5] Chen W H, Yang J, Guo L, et al. Disturbance-observer-based control and related methods—An overview[J]. IEEE Transactions on Industrial Electronics, 2015, 63(2): 1083-1095.

[6] 颜赟达. 多源受扰非线性系统抗干扰控制理论及其应用研究 [D]. 南京: 东南大学, 2019.

[7] Liu H, Li S. Speed control for PMSM servo system using predictive functional control and extended state observer[J]. IEEE Transactions on Industrial Electronics, 2011, 59(2): 1171-1183.

[8] Li S, Liu Z. Adaptive speed control for permanent-magnet synchronous motor system with variations of load inertia[J]. IEEE Transactions on Industrial Electronics, 2009, 56(8): 3050-3059.

[9] 郭雷. 多源干扰系统复合分层抗干扰控制理论: 综述与展望 [C]. 第三十届中国控制会议, 烟台, 2011: 6193-6198.

[10] 满朝媛. 基于主动抗干扰技术的导弹制导与控制系统研究 [D]. 南京: 东南大学, 2019.

[11] 郭雷, 余翔, 张霄, 等. 无人机安全控制系统技术: 进展与展望 [J]. 中国科学 (信息科学), 2020, 50(2): 184-194.

[12] 李涛, 张保勇. 时滞系统分析、控制及诊断 [M]. 北京: 科学出版社, 2015.

[13] Yang J, Li S, Sun C, et al. Nonlinear-disturbance-observer-based robust flight control for airbreathing hypersonic vehicles[J]. IEEE Transactions on Aerospace and Electronic Systems, 2013, 49(2): 1263-1275.

[14] Sun H, Li Y, Zong G, et al. Disturbance attenuation and rejection for stochastic Markovian jump system with partially known transition probabilities[J]. Automatica, 2018, 89: 349-357.

[15] Li S, Yang J, Chen W H, et al. Disturbance Observer-based Control: Methods and Applications[M]. Boca Raton: CRC Press, 2014.

[16] Wang Z, Liu Y, Liu X. H_∞ filtering for uncertain stochastic time-delay systems with sector-bounded nonlinearities[J]. Automatica, 2008, 44(5): 1268-1277.

[17] Guo L, Wang H. PID controller design for output PDFs of stochastic systems using linear matrix inequalities[J]. IEEE Transactions on Systems, Man, and Cybernetics, Part B (Cybernetics), 2005, 35(1): 65-71.

[18] Astolfi A, Karagiannis D, Ortega R. Nonlinear and Adaptive Control with Applications[M]. London: Springer, 2008.

[19] Yang D, Zong G, Karimi H R. H_∞ refined anti-disturbance control of switched LPV systems with application to aero-engine[J]. IEEE Transactions on Industrial Electronics, 2019, 67(4): 3180-3190.

[20] Yang J, Li S, Yu X. Sliding-mode control for systems with mismatched uncertainties via a disturbance observer[J]. IEEE Transactions on Industrial Electronics, 2012, 60(1): 160-169.

[21] Harnefors L, Nee H P. Model-based current control of ac machines using the internal model control method[J]. IEEE Transactions on Industry Applications, 1998, 34(1): 133-141.

[22] Yang J, Chen W H, Li S, et al. Disturbance/uncertainty estimation and attenuation techniques in PMSM drives—A survey[J]. IEEE Transactions on Industrial Electronics, 2016, 64(4): 3273-3285.

[23] Huang Y, Xue W. Active disturbance rejection control: Methodology and theoretical analysis[J]. ISA Transactions, 2014, 53(4): 963-976.

[24] 韩京清. 自抗扰控制技术: 估计补偿不确定因素的控制技术 [M]. 北京: 国防工业出版社, 2008.

[25] 尤哲夫, 贺伟, 李涛. 基于扰动观测器的旋转倒立摆滑模控制 [J]. 南京理工大学学报 (自然科学版), 2021, 45(3): 281-287.

[26] 闫鹏, 张震, 郭雷, 等. 超精密伺服系统控制与应用 [J]. 控制理论与应用, 2014, 31(10): 1338-1351.

[27] 孙昊, 李世华. 柴油机油量执行器的干扰估计滑模控制方法 [J]. 控制理论与应用, 2018, 35(11): 1568-1576.

[28] Shim H, Park G, Joo Y, et al. Yet another tutorial of disturbance observer: Robust stabilization and recovery of nominal performance[J]. Control Theory and Technology, 2016, 14(3): 237-249.

[29] 赵振华. 主动抗干扰控制理论及其在飞行器系统中的应用研究 [D]. 南京: 东南大学, 2018.

[30] Guan Y, Saif M. A novel approach to the design of unknown input observers[J]. IEEE Transactions on Automatic Control, 1991, 36(5): 632-635.

[31] She J H, Xin X, Pan Y. Equivalent-input-disturbance approach—Analysis and application to disturbance rejection in dual-stage feed drive control system[J]. IEEE/ASME Transactions on Mechatronics, 2010, 16(2): 330-340.

[32] Li S, Yang J, Chen W H, et al. Generalized extended state observer based control for systems with mismatched uncertainties[J]. IEEE Transactions on Industrial Electronics, 2011, 59(12): 4792-4802.

[33] Chen C S. Robust self-organizing neural-fuzzy control with uncertainty observer for MIMO nonlinear systems[J]. IEEE Transactions on Fuzzy Systems, 2011, 19(4): 694-706.

[34] Sariyildiz E, Oboe R, Ohnishi K. Disturbance observer-based robust control and its applications: 35th anniversary overview[J]. IEEE Transactions on Industrial Electronics, 2019, 67(3): 2042-2053.

[35] Sariyildiz E, Ohnishi K. A guide to design disturbance observer[J]. Journal of Dynamic Systems, Measurement, and Control, 2014, 136(2): 021011.

[36] Sira-Ramírez H. From flatness, GPI observers, GPI control and flat filters to observer-based ADRC[J]. Control Theory and Technology, 2018, 16(4): 249-260.

[37] Gao Z, Liu X, Chen M Z. Unknown input observer-based robust fault estimation for systems corrupted by partially decoupled disturbances[J]. IEEE Transactions on Industrial Electronics, 2015, 63(4): 2537-2547.

[38] Marx B, Ichalal D, Ragot J, et al. Unknown input observer for LPV systems[J]. Automatica, 2019, 100: 67-74.

[39] Hammouri H, Tmar Z. Unknown input observer for state affine systems: A necessary and sufficient condition[J]. Automatica, 2010, 46(2): 271-278.

[40] Chen W H, Ballance D J, Gawthrop P J, et al. A nonlinear disturbance observer for robotic manipulators[J]. IEEE Transactions on Industrial Electronics, 2000, 47(4): 932-938.

[41] Gregorcic G, Lightbody G. Local model network identification with gaussian processes[J]. IEEE Transactions on Neural Networks, 2007, 18(5): 1404-1423.

[42] Niu Y, Ho W D, Wang X. Robust H_∞ control for nonlinear stochastic systems: A sliding-mode approach[J]. IEEE Transactions on Automatic Control, 2008, 53(7): 1695-1701.

[43] Li T, Guo L, Wu L. Observer-based optimal fault detection using PDFs for time-delay stochastic systems[J]. Nonlinear Analysis: Real World Applications, 2008, 9(5): 2337-2349.

[44] Yi Y, Guo L, Wang H. Constrained PI tracking control for output probability distributions based on two-step neural networks[J]. IEEE Transactions on Circuits and Systems I: Regular Papers, 2008, 56(7): 1416-1426.

[45] Yi Y, Guo L, Wang H. Adaptive statistic tracking control based on two-step neural networks with time delays[J]. IEEE Transactions on Neural Networks, 2009, 20(3): 420-429.

[46] Li T, Zhang Y. Fault detection and diagnosis for stochastic systems via output PDFs[J]. Journal of the Franklin Institute, 2011, 348(6): 1140-1152.

[47] Wang H. Bounded Dynamic Stochastic Systems: Modelling and Control[M]. Berlin: Springer, 2012.

[48] Guo L, Wang H. Stochastic Distribution Control System Design: A Convex Optimization Approach[M]. Berlin: Springer, 2010.

[49] Forbes M, Guay M, Forbes J. Control design for first-order processes: Shaping the probability density of the process state[J]. Journal of Process Control, 2004, 14(4): 399-410.

[50] Wang H, Yue H. A rational spline model approximation and control of output probability density functions for dynamic stochastic systems[J]. Transactions of the Institute of Measurement and Control, 2003, 25(2): 93-105.

[51] Yao L, Qin J, Wang H, et al. Design of new fault diagnosis and fault tolerant control scheme for non-gaussian singular stochastic distribution systems[J]. Automatica, 2012, 48(9): 2305-2313.

[52] Zhou J, Yue H, Wang H. Shaping of output PDF based on the rational square-root B-spline model[J]. Acta Automatica Sinica, 2005, 31(3): 343-351.

[53] Yao L, Li L, Guan Y, et al. Fault diagnosis and fault-tolerant control for non-Gaussian nonlinear stochastic systems via entropy optimisation[J]. International Journal of Systems Science, 2019, 50(13): 2552-2564.

[54] Blanke M, Kinnaert M, Lunze J, et al. Diagnosis and Fault-tolerant Control[M]. Berlin: Springer, 2006.

[55] Benosman M, Lum K Y. Passive actuators' fault-tolerant control for affine nonlinear systems[J]. IEEE Transactions on Control Systems Technology, 2009, 18(1): 152-163.

[56] Jiang B, Gao Z, Shi P, et al. Adaptive fault-tolerant tracking control of near-space vehicle using Takagi-Sugeno fuzzy models[J]. IEEE Transactions on Fuzzy Systems, 2010, 18(5): 1000-1007.

[57] Wang R, Wang J. Passive actuator fault-tolerant control for a class of overactuated nonlinear systems and applications to electric vehicles[J]. IEEE Transactions on Vehicular Technology, 2012, 62(3): 972-985.

[58] Liu M, Cao X, Shi P. Fault estimation and tolerant control for fuzzy stochastic systems[J]. IEEE Transactions on Fuzzy Systems, 2012, 21(2): 221-229.

[59] Yang H, Yin S. Reduced-order sliding-mode-observer-based fault estimation for Markov jump systems[J]. IEEE Transactions on Automatic Control, 2019, 64(11): 4733-4740.

[60] Feng X, Wang Y. Fault estimation based on sliding mode observer for Takagi-Sugeno fuzzy systems with digital communication constraints[J]. Journal of the Franklin Institute, 2020, 357(1): 569-588.

[61] Yunfei M, Huaguang Z, Hanguang S, et al. Unknown input observer synthesis for discrete-time T-S fuzzy singular systems with application to actuator fault estimation[J]. Nonlinear Dynamics, 2020, 100(4): 3399-3412.

[62] Gao M, Zhang W, Sheng L, et al. Distributed fault estimation for delayed complex networks with round-robin protocol based on unknown input observer[J]. Journal of the Franklin Institute, 2020, 357(13): 8678-8702.

[63] Zhu J W, Yang G H, Wang H, et al. Fault estimation for a class of nonlinear systems based on intermediate estimator[J]. IEEE Transactions on Automatic Control, 2015, 61(9): 2518-2524.

[64] Zhu J W, Yang G H. Fault-tolerant control for linear systems with multiple faults and disturbances based on augmented intermediate estimator[J]. IET Control Theory & Applications, 2017, 11(2): 164-172.

[65] Liu M, Cao X, Shi P. Fuzzy-model-based fault-tolerant design for nonlinear stochastic systems against simultaneous sensor and actuator faults[J]. IEEE Transactions on Fuzzy Systems, 2012, 21(5): 789-799.

[66] Jiang B, Staroswiecki M, Cocquempot V. Fault accommodation for nonlinear dynamic systems[J]. IEEE Transactions on automatic Control, 2006, 51(9): 1578-1583.

[67] Guo L, Wang H. Fault detection and diagnosis for general stochastic systems using B-spline expansions and nonlinear filters[J]. IEEE Transactions on Circuits and Systems I: Regular Papers, 2005, 52(8): 1644-1652.

[68] Ye D, Yang G H. Adaptive fault-tolerant tracking control against actuator faults with application to flight control[J]. IEEE Transactions on Control Systems Technology, 2006, 14(6): 1088-1096.

[69] Zhang Y, Jiang J. Bibliographical review on reconfigurable fault-tolerant control systems[J]. Annual Reviews in Control, 2008, 32(2): 229-252.

[70] Gao C, Zhao Q, Duan G. Robust actuator fault diagnosis scheme for satellite attitude control systems[J]. Journal of the Franklin Institute, 2013, 350(9): 2560-2580.

[71] Pertew A, Marquez H, Zhao Q. Sampled-data stabilization of a class of nonlinear systems with application in robotics[J]. Journal of Dynamic Systems, Measurement, and Control, 2009, 131(2): 021008.

[72] Silverman B W. Density Estimation for Statistics and Data Analysis[M]. London: Routledge, 2018.

[73] Xie X, Yue D, Zhang H, et al. Fault estimation observer design for discrete-time Takagi-Sugeno fuzzy systems based on homogenous polynomially parameter-dependent Lyapunov functions[J]. IEEE Transactions on Cybernetics, 2017, 47(9): 2504-2513.

[74] Li H, Chen Z, Wu L, et al. Event-triggered fault detection of nonlinear networked systems[J]. IEEE Transactions on Cybernetics, 2016, 47(4): 1041-1052.

[75] Gao Z, Wang H. Descriptor observer approaches for multivariable systems with measurement noises and application in fault detection and diagnosis[J]. Systems & Control Letters, 2006, 55(4): 304-313.

[76] Tan C P, Edwards C. Sliding mode observers for detection and reconstruction of sensor faults[J]. Automatica, 2002, 38(10): 1815-1821.

[77] Chen R H, Speyer J L. Sensor and actuator fault reconstruction[J]. Journal of Guidance, Control, and Dynamics, 2004, 27(2): 186-196.

[78] Xiao B, Yin S, An intelligent actuator fault reconstruction scheme for robotic manipulators[J]. IEEE Transactions on Cybernetics, 2017, 48(2): 639-647.

[79] Zhang K, Jiang B, Shi P. Observer-based integrated robust fault estimation and accommodation design for discrete-time systems[J]. International Journal of Control, 2010, 83(6): 1167-1181.

[80] Tan C P, Habib M K. Robust sensor fault reconstruction applied in real-time to an inverted pendulum[J]. Mechatronics, 2007, 17(7): 368-380.

[81] Gao Z, Ding S X. Sensor fault reconstruction and sensor compensation for a class of nonlinear state-space systems via a descriptor system approach[J]. IET Control Theory & Applications, 2007, 1(3): 578-585.

[82] Gao Z, Shi X, Ding S X. Fuzzy state/disturbance observer design for T-S fuzzy systems with application to sensor fault estimation[J]. IEEE Transactions on Systems, Man, and Cybernetics, Part B (Cybernetics), 2008, 38(3): 875-880.

[83] Wu Z G, Dong S, Shi P, et al. Reliable filter design of Takagi-Sugeno fuzzy switched systems with imprecise modes[J]. IEEE Transactions on Cybernetics, 2019, 50(5): 1941-1951.

[84] Dong S, Wu Z G, Su H, et al. Karimi, asynchronous control of continuous-time nonlinear Markov jump systems subject to strict dissipativity[J]. IEEE Transactions on Automatic Control, 2018, 64(3): 1250-1256.

[85] Wang J, Chen M, Shen H, et al. A Markov jump model approach to reliable event-triggered retarded dynamic output feedback H_∞ control for networked systems[J]. Nonlinear Analysis: Hybrid Systems, 2017, 26: 137-150.

[86] Wang J, Liang K, Huang X, et al. Dissipative fault-tolerant control for nonlinear singular perturbed systems with Markov jumping parameters based on slow state feedback[J]. Applied Mathematics and Computation, 2018, 328: 247-262.

[87] Wang J, Hu X, Wei Y, et al. Sampled-data synchronization of semi-Markov jump complex dynamical networks subject to generalized dissipativity property[J]. Applied Mathematics and Computation, 2019, 346: 853-864.

[88] Shen H, Li F, Xu S, et al. Slow state variables feedback stabilization for semi-Markov jump systems with singular perturbations[J]. IEEE Transactions on Automatic Control, 2017, 63(8): 2709-2714.

[89] Shen H, Li F, Wu Z G, et al. Fuzzy-model-based nonfragile control for nonlinear singularly perturbed systems with semi-Markov jump parameters[J]. IEEE Transactions on Fuzzy Systems, 2018, 26(6): 3428-3439.

[90] Pan Y, Yang G H. Fault detection for interval type-2 fuzzy stochastic systems with D stability constraint[J]. International Journal of Systems Science, 2017, 48(1): 43-52.

[91] Su X, Shi P, Wu L, et al. Fault detection filtering for nonlinear switched stochastic systems[J]. IEEE Transactions on Automatic Control, 2015, 61(5): 1310-1315.

[92] Lee D J, Park Y, Park Y S. Robust H_∞ sliding mode descriptor observer for fault and output disturbance estimation of uncertain systems[J]. IEEE Transactions on Automatic Control, 2012, 57(11): 2928-2934.

[93] Li T, Li G, Zhao Q. Adaptive fault-tolerant stochastic shape control with application to particle distribution control[J]. IEEE Transactions on Systems, Man, and Cybernetics: Systems, 2015, 45(12): 1592-1604.

[94] Christian J A, Wells G, Lafleur J M, et al. Extension of traditional entry, descent, and landing technologies for human mars exploration[J]. Journal of Spacecraft and Rockets, 2008, 45(1): 130-141.

[95] Braun R D, Manning R M. Mars exploration entry, descent and landing challenges[J]. Journal of Spacecraft and Rockets, 2007, 44(2): 310-323.

[96] Brugarolas P B, San Martin A, Wong E. Attitude controller for the atmospheric entry of the mars science laboratory[C]. AIAA Guidance, Navigation and Control Conference and Exhibit, Honolulu, 2008: 6812.

[97] Brugarolas P B, San Martin A, Wong E C. The RCS attitude controller for the exo-atmospheric and guided entry phases of the mars science laboratory[C]. International Planetary Probe Workshop, Barcelona, 2010.

[98] Chen Y P, Lo S C. Sliding-mode controller design for spacecraft attitude tracking maneuvers[J]. IEEE Transactions on Aerospace and Electronic Systems, 1993, 29(4): 1328-1333.

[99] Shen Q, Jiang B, Cocquempot V. Fuzzy logic system-based adaptive fault-tolerant control for near-space vehicle attitude dynamics with actuator faults[J]. IEEE Transactions on Fuzzy Systems, 2012, 21(2): 289-300.

[100] Zhang R, Qiao J, Li T, et al. Robust fault-tolerant control for flexible spacecraft against partial actuator failures[J]. Nonlinear Dynamics, 2014, 76(3): 1753-1760.

[101] Takagi T, Sugeno M. Fuzzy identification of systems and its applications to modeling and control[J]. IEEE Transactions on Systems, Man, and Cybernetics, 1985, 1: 116-132.

[102] Shanmugam S, Muhammed S A, Lee G M. Finite-time extended dissipativity of delayed Takagi-Sugeno fuzzy neural networks using a free-matrix-based double integral inequality[J]. Neural Computing and Applications, 2020, 32(12): 8517-8528.

[103] Feng G. A survey on analysis and design of model-based fuzzy control systems[J]. IEEE Transactions on Fuzzy Systems, 2006, 14(5): 676-697.

[104] Tanaka K, Ikeda T, Wang H O. Fuzzy regulators and fuzzy observers: Relaxed stability conditions and LMI-based designs[J]. IEEE Transactions on Fuzzy Systems, 1998, 6(2): 250-265.

[105] Rhee B J, Won S. A new fuzzy Lyapunov function approach for a Takagi-Sugeno fuzzy control system design[J]. Fuzzy sets and Systems, 2006, 157(9): 1211-1228.

[106] Li H, Liu H, Gao H, et al. Reliable fuzzy control for active suspension systems with actuator delay and fault[J]. IEEE Transactions on Fuzzy Systems, 2011, 20(2): 342-357.

[107] Qiu J, Feng G. Control of continuous-time T-S fuzzy affine dynamic systems via piecewise Lyapunov functions[C]. 12th International Conference on Control Automation Robotics & Vision, Guangzhou, 2012: 1675-1680.

[108] Gao Q, Feng G, Wang Y, et al. Universal fuzzy models and universal fuzzy controllers for stochastic nonaffine nonlinear systems[J]. IEEE Transactions on Fuzzy Systems, 2012, 21(2): 328-341.

[109] Jiang B, Wu H N, Guo L. Fault tolerant attitude tracking control for mars entry vehicles via Takagi-Sugeno model[C]. Proceedings of IEEE Chinese Guidance, Navigation and Control Conference, Yantai, 2014: 2299-2304.

[110] Lei F, Xu X, Li T, et al. Attitude tracking control for mars entry vehicle via T-S model with time-varying input delay[J]. Nonlinear Dynamics, 2016, 85(3): 1749-1764.

[111] Wang Z P, Wu H N, Jiang B, et al. Attitude tracking of mars entry vehicles via fuzzy sampled-data control approach[C]. 53rd IEEE Conference on Decision and Control, Los Angeles, 2014: 6770-6775.

[112] Zhang Z, Lin C, Chen B. New stability and stabilization conditions for T-S fuzzy systems with time delay[J]. Fuzzy Sets and Systems, 2015, 263: 82-91.

[113] 王磊. 电力电子变换器能量平衡控制研究及应用 [D]. 广州: 华南理工大学, 2016.

[114] Rivetta C H, Emadi A, Williamson G A, et al. Analysis and control of a buck DC-DC converter operating with constant power load in sea and undersea vehicles[J]. IEEE Transactions on Industry Applications, 2006, 42(2): 559-572.

[115] Xu Q, Zhang C, Xu Z, et al. A composite finite-time controller for decentralized power sharing and stabilization of hybrid fuel cell/supercapacitor system with constant power load[J]. IEEE Transactions on Industrial Electronics, 2020, 68(2): 1388-1400.

[116] He W M, Namazi M M, Koofigar H R, et al. Voltage regulation of buck converter with constant power load: An adaptive power shaping control[J]. Control Engineering Practice, 2021, 115: 104891.

[117] He W, Ortega R, Machado J E, et al. An adaptive passivity-based controller of a buck-boost converter with a constant power load[J]. Asian Journal of Control, 2019, 21(1): 581-595.

[118] Hwu K I, Yau Y T. Performance enhancement of boost converter based on PID controller plus linear-to-nonlinear translator[J]. IEEE Transactions on Power Electronics, 2009, 25(5): 1351-1361.

[119] Wang Y X, Yu D H, Kim Y B. Robust time-delay control for the DC-DC boost converter[J]. IEEE Transactions on Industrial Electronics, 2013, 61(9): 4829-4837.

[120] Wai R J, Hih L C. Design of voltage tracking control for DC-DC boost converter via total sliding-mode technique[J]. IEEE Transactions on Industrial Electronics, 2010, 58(6): 2502-2511.

[121] Mattavelli P, Spiazzi G, Tenti P. Predictive digital control of power factor preregulators with input voltage estimation using disturbance observers[J]. IEEE Transactions on Power Electronics, 2005, 20(1): 140-147.

[122] Villanueva E, Correa P, Rodríguez J, et al. Control of a single-phase cascaded H-bridge multilevel inverter for grid-connected photovoltaic systems[J]. IEEE Transactions on Industrial Electronics, 2009, 56(11): 4399-4406.

[123] Chan C Y. A nonlinear control for DC-DC power converters[J]. IEEE Transactions on Power Electronics, 2007, 22(1): 216-222.

[124] Mosskull H. Optimal stabilization of constant power loads with input LC-filters[J]. Control Engineering Practice, 2014, 27: 61-73.

[125] Du W, Zhang J, Zhang Y, et al. Stability criterion for cascaded system with constant power load[J]. IEEE Transactions on Power Electronics, 2012, 28(4): 1843-1851.

[126] Khaligh A, Rahimi A M, Emadi A. Negative impedance stabilizing pulse adjustment control technique for DC/DC converters operating in discontinuous conduction mode and driving constant power loads[J]. IEEE Transactions on vehicular technology, 2007, 56(4): 2005-2016.

[127] Emadi A, Khaligh A, Rivetta C H, et al. Constant power loads and negative impedance instability in automotive systems: Definition, modeling, stability, and control of power electronic converters and motor drives[J]. IEEE Transactions on Vehicular Technology, 2006, 55(4): 1112-1125.

[128] Kwasinski A, Onwuchekwa C N. Dynamic behavior and stabilization of DC microgrids with instantaneous constant-power loads[J]. IEEE Transactions on Power Electronics, 2010, 26(3): 822-834.

[129] 徐志宇, 许维胜, 余有灵, 等. DC-DC 变换器在恒功率负载下的能控性 [J]. 控制理论与应用, 2010, 27(9): 1273-1276.

[130] Singh S, Gautam A R, Fulwani D. Constant power loads and their effects in DC distributed power systems: A review[J]. Renewable and Sustainable Energy Reviews, 2017, 72: 407-421.

[131] Cespedes M, Xing L, Sun J. Constant-power load system stabilization by passive damping[J]. IEEE Transactions on Power Electronics, 2011, 26(7): 1832-1836.

[132] Rahimi A M, Emadi A. Active damping in DC/DC power electronic converters: A novel method to overcome the problems of constant power loads[J]. IEEE Transactions on Industrial Electronics, 2009, 56(5): 1428-1439.

[133] Magne P, Marx D, Nahid-Mobarakeh B, et al. Large-signal stabilization of a DC-link supplying a constant power load using a virtual capacitor: Impact on the domain of attraction[J]. IEEE Transactions on Industry Applications, 2012, 48(3): 878-887.

[134] Rahimi A M, Williamson G A, Emadi A. Loop-cancellation technique: A novel non-linear feedback to overcome the destabilizing effect of constant-power loads[J]. IEEE Transactions on Vehicular Technology, 2009, 59(2): 650-661.

[135] Li J, Pan H, Long X, et al. Objective holographic feedbacks linearization control for boost converter with constant power load[J]. International Journal of Electrical Power & Energy Systems, 2022, 134: 107310.

[136] Wang J, Howe D. A power shaping stabilizing control strategy for DC power systems with constant power loads[J]. IEEE Transactions on Power Electronics, 2008, 23(6): 2982-2989.

[137] Kwasinski A, Krein P T. Passivity-based control of buck converters with constant-power loads[C]. IEEE Power Electronics Specialists Conference, Orlando, 2007: 259-265.

[138] Marquez H J, Nonlinear Control Systems: Analysis and Design[M]. Hoboken: John Wiley & Sons, 2003.

[139] Ortega R, Van Der Schaft A, Maschke B, et al. Interconnection and damping assignment passivity-based control of port-controlled hamiltonian systems[J]. Automatica, 2002, 38(4): 585-596.

[140] Sepulchre R, Jankovic M, Kokotovic P V. Constructive Nonlinear Control[M]. Berlin: Springer, 2012.

[141] Zhang M, Ortega R, Liu Z, et al. A new family of interconnection and damping assignment passivity-based controllers[J]. International Journal of Robust and Nonlinear Control, 2017, 27(1): 50-65.

[142] Astolfi A, Karagiannis D, Ortega R. Nonlinear and Adaptive Control with Applications[M]. London: Springer, 2008.

[143] Hernandez-Gomez M, Ortega R, Lamnabhi-Lagarrigue F, et al. Adaptive PI stabilization of switched power converters[J]. IEEE Transactions on Control Systems Technology, 2009, 18(3): 688-698.

[144] Machowski J, Bialek J, Bumby J R, et al. Power System Dynamics and Stability[M]. Hoboken: John Wiley & Sons, 1997.

[145] Ortega R, Perez J A L, Nicklasson P J, et al. Passivity-based Control of Euler-lagrange Systems: Mechanical, Electrical and Electromechanical Applications[M]. Berlin: Springer, 2013.

[146] Chan C Y. Simplified parallel-damped passivity-based controllers for DC-DC power converters[J]. Automatica, 2008, 44(11): 2977-2980.

[147] Son Y I, Kim I H. Complementary PID controller to passivity-based nonlinear control of boost converters with inductor resistance[J]. IEEE Transactions on Control Systems Technology, 2011, 20(3): 826-834.

[148] Cisneros R, Pirro M, Bergna G, et al. Global tracking passivity-based PI control of bilinear systems: Application to the interleaved boost and modular multilevel converters[J]. Control Engineering Practice, 2015, 43: 109-119.

[149] Han J. From PID to active disturbance rejection control[J]. IEEE Transactions on Industrial Electronics, 2009, 56(3): 900-906.

[150] Zhang F, Yan Y. Start-up process and step response of a DC-DC converter loaded by constant power loads[J]. IEEE Transactions on Industrial Electronics, 2010, 58(1): 298-304.

[151] Li Y, Vannorsdel K R, Zirger A J, et al. Current mode control for boost converters with constant power loads[J]. IEEE Transactions on Circuits and Systems I: Regular Papers, 2011, 59(1): 198-206.

[152] He W, Soriano-Rangel C A, Ortega R, et al. Energy shaping control for buck-boost converters with unknown constant power load[J]. Control Engineering Practice, 2018, 74: 33-43.

[153] Sanchez S, Ortega R, Grino R, et al. Conditions for existence of equilibria of systems with constant power loads[J]. IEEE Transactions on Circuits and Systems I: Regular Papers, 2014, 61(7): 2204-2211.

[154] Boukerdja M, Chouder A, Hassaine L, et al. H_∞ based control of a DC/DC buck converter feeding a constant power load in uncertain DC microgrid system[J]. ISA Transactions, 2020, 105: 278-295.

[155] Gutierrez M, Lindahl P, Leeb S B. Constant power load modeling for a programmable impedance control strategy[J]. IEEE Transactions on Industrial Electronics, 2021, 69(1): 293-301.

[156] Singh S, Fulwani D, Kumar V. Robust sliding-mode control of DC/DC boost converter feeding a constant power load[J]. IET Power Electronics, 2015, 8(7): 1230-1237.

[157] Zeng J, Zhang Z, Qiao W. An interconnection and damping assignment passivity-based controller for a DC-DC boost converter with a constant power load[J]. IEEE Transactions on Industry Applications, 2013, 50(4): 2314-2322.

[158] Kwasinski A, Krein P T. Stabilization of constant power loads in DC-DC converters using passivity-based control[C]. 29th International Telecommunications Energy Conference, Rome, 2007: 867-874.

[159] Riccobono A, Santi E. Comprehensive review of stability criteria for DC power distribution systems[J]. IEEE Transactions on Industry Applications, 2014, 50(5): 3525-3535.

[160] Wildrick C M, Lee F C, Cho B H, et al. A method of defining the load impedance specification for a stable distributed power system[J]. IEEE Transactions on Power Electronics, 1995, 10(3): 280-285.